园林经典文献名篇导读

（下册）

李方平　主编

中国林业出版社
China Forestry Publishing House

图书在版编目（CIP）数据

园林经典文献名篇导读. 下 / 李方平主编. —北京：中国林业出版社，2021.9
ISBN 978-7-5219-1308-8

Ⅰ.①园… Ⅱ.①李… Ⅲ.①古典园林—园林艺术—中国—文集②古典诗歌—诗集—中国③古典散文—散文集—中国 Ⅳ.①TU986.62-53②I212.01

中国版本图书馆CIP数据核字（2021）第164167号

中国林业出版社·教育分社

策划编辑：田　苗	责任编辑：田　苗　赵娇旎
电　　话：(010) 83143557	传　　真：(010) 83143516

出版发行	中国林业出版社（100009　北京市西城区刘海胡同7号）
电子邮件	jiaocaipublic@163.com
网　　站	http://www.forestry.gov.cn/lycb.html
印　　刷	河北京平诚乾印刷有限公司
版　　次	2021年9月第1版
印　　次	2021年9月第1次印刷
开　　本	787mm×1092mm　1/16
印　　张	5.5
字　　数	92千字
定　　价	32.00元

未经许可，不得以任何方式复制或抄袭本书之部分或全部内容。

版权所有　侵权必究

前　言

明代文学家陈继儒曾说，"主人无俗态，筑圃见文心"。中国古典园林与古典文学素来水乳交融。园林中的诸多植物、建筑取自诗词意象，中国古典园林也为众多文人墨客提供了创作灵感，历代文学大家也都写过有关园林的文学佳作。《园林经典文献名篇导读》（下册）正是聚焦这些蕴含园林意境、造园思想和园林美学的古代诗词、散文、随笔、游记、园记等文学作品，并从中选取30篇作为重点诵读篇目。

本书在内容上与《园林经典文献名篇导读》（上册）互为补充，编排上按照古典园林的发展历史分为五个章节：先秦两汉、魏晋南北朝、隋唐、宋代、元明清，包含原文、注释解读、译文品读、赏析、延伸阅读和文化链接六个板块。原文部分从古代诗词歌赋、散文戏曲、随笔、游记、园记等作品中选取能够体现园林审美意趣、包含园林景点典故、蕴含造园思想的内容供读者诵读。为帮助读者更好地理解文本含义，在注释解读部分对重难点字词做了注音和释义，并配以译文品读，旨在让读者尽可能实现无障碍阅读。为便于读者深入理解园林发展对文学创作的影响，译文品读之后有赏析部分，综合各家观点和研究成果，从园林文化视角对诵读篇目进行解读。延伸阅读部分作为30篇重点诵读篇目的延伸和补充包含17篇拓展诗文，12篇园林景点赏析和1篇现代文阅读。拓展诗文一般选择同一主题下不同作者的作品或者同一作者不同类型的作品，以便帮助读者在阅读中有所参照，形成对比。园林景点赏析结合精读篇目中的文化要点，选取与之相关的园林或园林要素进行赏析，以图文并茂的形式帮助读者理解作品中的文化意象，提升游园体验。现代文阅读节选了著名古建筑园林艺术学家陈从周先生的《园林美与昆曲美》一文，旨在拓宽读者文化视野，引导读者对园林多一些深度思考。每章最后设有文化链接，介绍园林中的归隐文化，楹联匾额的文学价值，造园要素的文化内涵，园林与文学作品中的爱情等人文知识，可以作为后续学习讨论的主题。

园林文献浩如烟海，且散见于各种体裁的文学作品中。本书在选择篇目的过程中尽可能覆盖各类古代文学体裁，并选取流传较为广泛的，或是大家所熟知的名家作品，如白居易的《养竹记》《池上篇》，王维的《竹里馆》，杜甫的《营屋》。本书是一本面向中职生的诵读文本，希望学生能够在反复诵读中品味到园林的文学美、人文美，感受古人蕴含在字里行间的那份对自然的深切感怀和对生活的无限畅想。

  囿于个人研究水平，本书中还有诸多不完善之处，望各位同行专家批评指正。

李方平

2021 年 7 月

目 录

前言

第一章　先秦两汉　　　　　　　　　　　1

　　诗经·大雅·灵台　　　　　　　　　2
　　楚辞·九歌（节选）　　　　　　　　4
　　楚辞·渔父　　　　　　　　　　　　8
　　庄子·秋水（节选）　　　　　　　　10
　　归田赋（节选）　　　　　　　　　　13

第二章　魏晋南北朝　　　　　　　　　17

　　闲居赋（节选）　　　　　　　　　　18
　　招隐（其一）　　　　　　　　　　　20
　　兰亭集序（节选）　　　　　　　　　22
　　归去来兮辞（节选）　　　　　　　　25
　　答谢中书书　　　　　　　　　　　　28

第三章　隋唐　　　　　　　　　　　　31

　　田园诗二首　　　　　　　　　　　　32
　　辋川闲居赠裴秀才迪　　　　　　　　35

营屋	37
养竹记（节选）	39
太湖石记（节选）	42
早梅	45

第四章　宋代　　　　　　　　　　　　　　49

水调歌头·沧浪亭	50
点绛唇·闲倚胡床	52
渔家傲·灯火已收正月半	54
念奴娇·闹红一舸	55
苏幕遮·燎沉香	57
洛阳名园记（节选）	59

第五章　元明清　　　　　　　　　　　　　63

裴少俊墙头马上（节选）	64
西厢记（节选）	66
青莲山房	68
拙政园图咏·若墅堂	70
牡丹亭（节选）	72
桃花扇·余韵（节选）	76
履园丛话·园林·造园	78
浮生六记·闺房记乐（节选）	79

参考文献　　　　　　　　　　　　　　　　81

第一章 先秦两汉

商周秦汉跨越1800多年，处于奴隶社会后期和封建社会初期。留下了《诗经》《楚辞》、诸子散文、汉赋等诸多文学经典，这些文学作品将先民们的现实生活与精神世界交织在一起，记录下了人们对自然由敬畏到欣赏的心态变化。从《诗经》中山水审美观念的萌芽，到《楚辞》中宫苑游赏功能的显现，再到汉赋中隐逸思想与庄园的结缘，在或写实或浪漫的创作手法中，中国文人开启了在现实世界中寻找精神寄托的大门。

诗经·大雅·灵台

经始灵台，经之营之。庶民攻[1]之，不日成之。经始勿亟，庶民子来。王在灵囿[2]，麀鹿[3]攸伏。麀鹿濯濯[4]，白鸟翯翯[5]。王在灵沼，於[6]牣[7]鱼跃。虡[8]业[9]维枞[10]，贲[11]鼓维镛[12]。於论[13]鼓钟，於乐辟廱[14]。於论鼓钟，於乐辟廱。鼍[15]鼓逢逢[16]。矇瞍[17]奏公[18]。

【注释解读】

1. 攻：建造。
2. 灵囿：古代帝王畜养动物的园林，这里指周文王的苑囿。
3. 麀（yōu）鹿：母鹿。
4. 濯濯（zhuó）：肥壮的样子。
5. 翯（hè）翯：羽毛洁白的样子。
6. 於（wū）：表示赞美的叹词。
7. 牣（rèn）：满。
8. 虡（jù）：悬挂大钟的木架。
9. 业：装在虡上的木板。
10. 枞（cōng）：又叫崇牙，木板上的锯齿，用来悬挂钟。
11. 贲（fén）：大鼓。
12. 镛（yōng）：大钟。
13. 论：通"伦"，有序。
14. 辟廱（bì yōng）：文王离宫的名字。
15. 鼍（tuó）：扬子鳄，其皮非常适合做鼓。
16. 逢（péng）逢：鼓声。
17. 矇瞍：矇和瞍在古代都用来指盲人。当时乐官乐工常由盲人担任。
18. 公：读"颂"，歌颂。

【译文品读】

周文王开始兴建灵台，一边测量一边规划。老百姓参与建造，没几天就建成了。文王本不着急建成，民众像孩子对父母那般积极前来出力。

文王在灵囿，母鹿安静地卧在那里。母鹿样子肥美，白鸟羽毛洁净丰满。文王在灵池，啊，满池的鱼跳跃。

钟架鼓架放置好了，挂起大钟大鼓。啊，有节奏地敲击钟鼓，啊，在辟廱离宫演奏音乐。

啊，有节奏地敲击钟鼓，啊，在辟廱离宫演奏音乐。鳄鱼皮做的鼓咚咚响，盲人乐师奏乐歌颂。

【赏析】

这首诗描述了周文王建造灵台并在此游赏奏乐的情景。据考证，这处灵台遗址位于今陕西省境内，今天我们能看到的只有一方大土台。从诗中的描述来看，曾经的灵台有肥壮健美的鹿，羽翼丰满的鸟，活泼好动的鱼，这些景致都让灵台有了许多可供游赏的意味。

"麀鹿濯濯，白鸟翯翯"所呈现出的祥瑞之气与灵台之"灵"相得益彰，"於论鼓钟，於乐辟廱"，钟鼓合奏，乐声中传颂着文王的贤治善德，充满了生活情趣，给人以和美的精神享受。

【延伸阅读】

上海豫园

上海豫园入口处有一座三穗堂，大厅中间有一匾额写着"灵台经始"四个字。这四个字的出处便是《诗经·大雅·灵台》，也道出了"灵台"与园林的不解之缘。

灵台最初的功能是观天象、祭神灵。郑玄笺云："天子有灵台者，所以观祲象，察气之妖祥也。"文王筑一方高台，以水环之，大抵就是仿照传说中的昆仑山及周围环绕着的水的形象而建，充满了神圣和神秘气息，而这种山水环绕的仙境之美与后世园林中的山水骨架设计灵感十分相似。

楚辞·九歌（节选）

战国·屈原

湘君

鼌骋骛兮江皋[1]，
夕弭节兮北渚[2]。
鸟次兮屋上，
水周兮堂下[3]。
捐余玦兮江中[4]，
遗余佩兮醴浦[5]。
采芳洲兮杜若[6]，
将以遗兮下女[7]。
时不可兮再得[8]，
聊逍遥兮容与[9]。

【注释解读】

1. 鼌（zhāo）：同"朝"，早晨。骋骛（wù）：急行。皋：水旁高地。
2. 弭（mǐ）：停止。节：策，马鞭。渚：水边。
3. 次：止息。周：周流。
4. 捐：抛弃。玦（jué）：环形玉佩，玉环。
5. 遗（yí）：留下。佩：佩饰。醴（lǐ）：澧水，在湖南，流入洞庭湖。
6. 芳洲：水中的芳草地。杜若：香草名。
7. 遗（wèi）：赠予。下女：指身边侍女。
8. 再：一作"骤"，屡次、多次的意思。
9. 聊：暂且。逍遥：自由自在的样子。容与：舒缓放松的样子。

【译文品读】

　　早上，我匆匆出发沿江边找寻湘君，直到傍晚也没找到他，只好把车停靠在北岸。看着鸟儿在屋檐上栖息，江水环绕在华堂周围（找不到湘君让我感到十分懊恼），我把当初的定情信物玉环抛向江中，把玉佩留在澧水河边。我到水中的芳草地采来杜若，正想送给侍女时，突然感到时光一去不复返，不如放慢脚步享受此时自由自在的状态。

湘夫人

筑室兮水中,葺之兮荷盖[1];
荪壁兮紫坛,播芳椒兮成堂[2];
桂栋兮兰橑,辛夷楣兮药房[3];
罔薜荔兮为帷,擗蕙櫋兮既张[4];
白玉兮为镇,疏石兰兮为芳[5];
芷葺兮荷屋,缭之兮杜衡[6]。
合百草兮实庭,建芳馨兮庑门[7]。

【注释解读】

1. 葺(qì):编草盖房子。盖:指屋顶。
2. 荪(sūn)壁:用荪草饰壁。荪:一种香草。紫:紫贝。坛:中庭。椒:一种有香气的植物。
3. 桂栋:用桂木做正梁。栋:屋栋,屋脊柱。橑(lǎo):屋椽(chuán)。辛夷:木兰,一种木本植物,初春开花。楣:门上横梁。药:白芷。
4. 罔:通"网",编织。薜荔;一种香草,缘木而生。帷:帷帐。擗(pǐ):掰开。蕙:一种香草。櫋(mián):隔扇。
5. 镇:通"瑱(zhèn)",压座席的玉瑱。疏:分疏,分陈。石兰:一种香草。
6. 缭:缠绕。杜衡:一种香草。
7. 合:合聚。百草:指众芳草。实:充实。馨:能够远闻的香。庑(wǔ):走廊。

【译文品读】

如果与湘夫人相会,我要把房屋建在水中央,还要把荷叶盖在屋顶上。
荪草装点墙壁紫贝铺砌庭坛。四壁撒满香木用来装饰厅堂。
桂木作正梁木兰作屋椽,辛夷装门楣白芷饰卧房。
编织薜荔做成帷幕,掰开蕙草做的幔帐并搭建好。
用白玉做成镇席,各处陈设石兰一片芳香。
在荷屋上覆盖芷草,用杜衡缠绕四方。

我要让各种芳草布满庭院，让门廊充满幽香。

【赏析】

《湘君》和《湘夫人》是祭祀湘水神的乐歌。湘君指舜，湘夫人指舜的两个妃子娥皇和女英。相传舜帝死于苍梧，二妃追至湘江，投水而死，成为湘水女神。《湘君》以湘夫人的口吻表达对湘君的思念和企盼，展现了湘夫人对爱情的大胆追求。《湘夫人》则以湘君的口吻表达了对湘夫人的怀恋和对爱情忠贞不渝的决心。

《湘夫人》中写到"筑室兮水中，葺之兮荷盖"，说明此时人们在建造房屋时已经有意识地结合山水地貌来发挥建筑物的观赏功能，而花草树木也成了建造要素，自然之景不再只是严肃神秘的存在，而是逐渐融入了人造空间中，有了游赏的意味。

唐代徐坚在《棹歌行》中写道："影入桃花浪，香飘杜若洲。"其中"杜若洲"的出处正是《楚辞·湘君》中的"采芳洲兮杜若"。仿此意象，后人在拙政园中建造了香洲，将屈原理想世界中的场景移植到了现实世界中。

无论是《湘君》还是《湘夫人》，都提到了杜若、荪、药、薜荔等香草的名字，这也是古人以香草喻君子的比德思想的体现。

【延伸阅读】

拙政园香洲

远远看去，香洲像一艘船停于水中，周身荷花掩映，展现了主人烟波远航、身心俱隐的精神追求。"船头是台，前舱是亭，中舱为榭，船尾是阁，阁上起楼，线条柔和起伏，比例大小得当"，堪称中国古典园林舫的典范。香洲三面环水，

一面依岸,由三块石条所组成的跳板登"船",伫立船头,仿佛能感受到湘夫人驾香舟遥望湘君时的神采奕奕。承载着诗人生命内核的文字穿越千年,在现实中得到了回应。

艺圃的香草

艺圃位于江苏省苏州市,是一座明代小园林。艺圃与《楚辞》有着一段不解之缘。明天启年间艺圃的第二任园主文震孟酷爱《楚辞》,以屈原自比。屈原在他的作品中常用香草指代人,比如杜若、蘼芜、琼芳、江蓠、薜荔、蕙若等都是香草的名字。文震孟得园后以"药(yuè)圃"命名。"药"字在《辞海》中的解释是"草名,即白芷"。白芷是古人用于比喻君子、贤人的香草之一,《湘夫人》"辛夷楣兮药房"中的"药"也是指白芷。这足见屈原对文震孟的影响之深,而简简单单的一个名字也暗含了古人对美好德行的追求。后来到了清初期,艺圃这个名字才出现并沿用至今。

楚辞·渔父[1]

战国·屈原

屈原既放,游于江潭,行吟泽畔,颜色憔悴,形容枯槁[2]。渔父见而问之曰:"子非三闾大夫与[3]?何故至于斯?"屈原曰:"举世皆浊我独清,众人皆醉我独醒,是以见放[4]。"

渔父曰:"圣人不凝滞于物,而能与世推移。世人皆浊,何不淈[5]其泥而扬其波?众人皆醉,何不餔其糟而歠其醨[6]?何故深思高举,自令放为?"

屈原曰:"吾闻之,新沐者必弹冠,新浴者必振衣;安能以身之察察[7],受物之汶汶[8]者乎?宁赴湘流,葬于江鱼之腹中。安能以皓皓之白,而蒙世俗之尘埃乎?"

渔父莞尔而笑,鼓枻[9]而去,乃歌曰:"沧浪之水清兮,可以濯吾缨[10];沧浪之水浊兮,可以濯吾足。"遂去,不复与言。

【注释解读】

1. 渔父(fǔ):打鱼的老人。父,楚地对老年男子的尊称。
2. 颜色:面色。形容:形体外貌。枯槁(gǎo):憔悴。
3. 与:通"欤"。
4. 见放:被流放。
5. 淈(gǔ):搅浑浊。
6. 餔(bū):吃。糟:酒糟。歠(chuò):饮。醨(lí):薄酒。
7. 察察:洁白的样子。
8. 汶(mén)汶:污浊,污垢。
9. 鼓枻(yì):划着船桨。枻:船桨。
10. 濯(zhuó):洗。缨:用线或绳等做的装饰品,比如帽子上的缨穗。

【译文品读】

屈原被放逐后,在江边游荡。他边走边唱,面色憔悴,身体枯瘦。渔父见了问他:"您不是三闾大夫吗,为什么来到这里?"屈原说:"天下都是污浊的,只有我干净;大家都喝醉了,只有我清醒,所以我被放逐了。"

渔父说:"圣人不会执着于不变的事物,而是能随着世道一起变化。大家都浑浊,你为何不搅浑这泥水,推波助澜?大家都喝醉了,你为何不吃了这酒糟,喝下这薄酒？你为何想得那么深远，超乎平庸的世人之上，使得自己被放逐呢？"

屈原说："我听说，刚洗过头一定要弹掉帽子上的灰，刚洗过澡一定要抖抖衣服；怎能用干净的身体去触碰外物的污浊呢？宁愿跳入湘江，葬身于江鱼的腹中，怎能让纯白洁净蒙上世俗的尘埃？"

渔父微微一笑，划着船桨离开，唱道："沧浪水清澈，可以用来洗我的帽缨；沧浪水浑浊，可以用来洗我的脚。"便远去了，不再与屈原说话。

【赏析】

屈原流放时路遇渔父，屈原和渔父有着两种截然不同的处世观。屈原不愿同流合污，因而以死明志，这种"伏清白以死直"的精神也为后人所传颂。而渔父则认为"圣人不凝滞于物，而能与世推移"，面对世事浑浊，不妨随波逐流，甚至推波助澜，临走时唱了一首《沧浪歌》，表达了"君子处世，遇治则仕，遇乱则隐"的人生理想，换言之，就是"达则兼济天下，穷则独善其身"。这里包含的就是一种避世隐居的归隐思想。

【延伸阅读】

苏州沧浪亭

沧浪亭是北宋文士苏舜钦被贬后，于苏州城南购得一处废园，经修葺所建。苏舜钦在政治上力主革新，较为激进，在他的诗作中也能看出他对国家安危、百姓疾苦充满了关心。与屈原不同的是，苏舜钦在仕途遭遇挫折时，选择了退隐的生活，如沧浪歌所唱"沧浪之水浊兮，可以濯我足。"而沧浪亭正好三面环水。他在《沧浪亭记》中也写道"古之才哲君子，有一失而至于死者多矣，是未知所以自胜之道"。可见苏舜钦看透荣辱得失，寄情园林，在政坛之外又找到了一处心灵的栖息地。

庄子·秋水（节选）

战国·庄子

庄子钓于濮水

庄子钓于濮水[1]，楚王使大夫二人往先焉，曰："愿以境内累[2]矣！"

庄子持竿不顾，曰："吾闻楚有神龟，死已三千岁矣，王巾笥[3]而藏之庙堂之上。此龟者，宁其死为留骨而贵乎？宁其生而曳[4]尾于涂[5]中乎？"

二大夫曰："宁生而曳尾涂中。"

庄子曰："往矣！吾将曳尾于涂中。"

【注释解读】

1. 濮（pú）水：水名，在今河南省濮阳县。
2. 累：形容词使动用法，使劳累。
3. 巾：覆盖物品的丝麻织品。笥（sì）：一种盛放物品的竹器，这里名词用作动词，用竹制器皿装。
4. 曳：拖。
5. 涂：泥。

【译文品读】

庄子在濮水钓鱼，楚王派两位大夫前往表达自己的意愿，说："劳烦您管理国内的政务！"

庄子拿着鱼竿不回头，说："我听说楚国有一只神龟，死的时候就三千岁了。楚王用丝麻包裹好把它放在竹匣里供在宗庙上。这只神龟是宁愿死后留下骨骸被尊贵地供奉着呢，还是宁愿活在烂泥里拖着尾巴爬行？"

两位大夫说："宁愿活在烂泥里拖着尾巴爬行。"

庄子说："请回吧，我宁愿在烂泥里拖着尾巴（活着）。"

庄子与惠子游于濠梁之上

庄子与惠子游于濠梁[1]之上。庄子曰："儵鱼[2]出游从容，是鱼之乐也。"惠子曰："子非鱼，安知鱼之乐？"庄子曰："子非我，安知我不知鱼之乐？"惠子曰："我非子，固不知子矣；子固非鱼也，子之不知鱼之乐全矣！"庄子曰："请循其本³。子曰'汝安知鱼乐'云者，既已知吾知之而问我。我知之濠上也。"

【注释解读】

1. 濠（háo）梁：濠水的桥上。濠：水名，在今安徽凤阳。
2. 鲦（tiáo）鱼：一种淡水鱼，又名白鲦。
3. 循其本：从最初的话题说起。

【译文品读】

庄子和惠子在濠水的桥上游玩。庄子说："鲦鱼游得悠闲自在，这是鱼的快乐啊。"惠子说："你不是鱼，你怎么知道鱼是快乐的？"庄子说："你不是我，你怎么知道我不知道鱼是快乐的？"惠子说："我不是你，固然不了解你的想法；你本来也不是鱼，你不知道鱼是快乐的，这是完全确定的！"庄子说："请从最初的话题说起。你说'你怎么知道鱼快乐'这样的话，说明你已经知道我知道鱼快乐而问我。我是在濠水的桥上知道的。"

【赏析】

无论是"钓于濮水"还是"濠梁之辩"，我们能够看到庄子追求的并不是奢华富贵的官场生活，他不重权势名利，在乱世中依然追求独立的人格和精神的自由。

在庄子看来，宇宙万物都是自然的，一切顺其自然，才能达到与天地万物和谐统一的境界，这与中国古典园林所遵循的"虽由人作，宛自天开"的造园思想是相通的。

【延伸阅读】

留园濠濮亭

濠濮亭是浮于碧波之上的一座小亭子，向北可见清风池馆。立于亭中，面馆而立，左侧则是小蓬莱。濠濮亭曾名"掬月亭"，因亭前池畔有一石，名印月，石中间有一涡孔，在水中的倒影好似一轮圆月。园主刘恕曾作诗："凌虚忽倒影，恍若月临川。"濠濮亭之名则是取自《庄子·秋水》中的庄子钓于濮水、庄子与惠子游于濠梁之上这两个故事。《世说新语》中记载："简文入华林园，顾谓左右曰：'会心处不必在远，翳然林水，便自在濠濮间想也，觉鸟兽禽鱼，自来亲人。'"坐于亭中,可观鱼、可赏荷、可赏月,好不惬意。

归田赋（节选）

东汉·张衡

于是仲春令月[1]，时和气清；
原隰[2]郁茂，百草滋荣。
王雎[3]鼓翼，鸧鹒[4]哀鸣；
交颈颉颃[5]，关关嘤嘤。
于焉逍遥，聊以娱情。

尔乃龙吟方泽[6]，虎啸山丘。
仰飞纤缴[7]，俯钓长流。
触矢而毙，贪饵吞钩。
落云间之逸禽，悬渊沉之鲨鲡[8]。

【注释解读】

1. 仲春：农历二月。令月：美好的月份。
2. 隰（xí）：低湿的地方。
3. 王雎（jū）：雎鸠。
4. 鸧鹒（cāng gēng）：黄鹂。
5. 颉颃（xié háng）：鸟上下飞翔的样子。
6. 方泽：大湖。
7. 纤缴（zhuó）：系在箭上的细绳，用来射鸟，这里指射鸟用的箭。
8. 鲨鲡（shā liú）：一种小鱼，常伏在水底的泥沙上。

【译文品读】

正是美好的仲春二月，天气暖和晴朗。原野茂盛，百草丛生。雎鸠振翅低飞，黄莺哀婉鸣唱。鸳鸯交颈，众鸟飞翔。叽叽喳喳的鸟叫声委婉动听。在这无限美好的春景中逍遥，令我心情愉悦。

于是我在大湖畔像龙吟一样歌唱，在山丘间像虎啸般吟诗。仰天将箭射向空中，俯身将钩撒向河流。飞鸟被箭射中毙命，鱼儿因贪吃鱼饵上钩，云间高飞的鸟儿落下，藏于水底泥沙中的小鱼被钓起。

【赏析】

《归田赋》是张衡晚年谪官南阳时创作的一篇抒情小赋，篇幅短小，感情真挚。作者不满当时宦官专政，几经努力却无法改变现实，为免遭迫害，决意归隐。全赋共四段，选文为第二、三段内容，描绘了作者对归隐之后的田园生活的设想：时和气清，草木繁茂，鸟儿欢跃，可歌唱，可吟诗，可射箭，可垂钓，远离纷浊的官场事务，尽享山清水秀，恬适宁静的世外生活。

士人向往的隐逸生活，体现着人与自然的和谐统一，在这种"天人和谐"的人居环境中，士大夫们找到了隐逸思想的物质载体，如唐代诗人许棠在《题郑侍郎岩隐十韵》中说："朝退常归隐，真修大隐情。园林应得趣，岩谷自为名。"《归田赋》二、三段所呈现的这种畅快自然、轻松愉悦的感官体验反映了作者不计得失、不畏荣辱、超然于世外的精神实质。

【延伸阅读】

行香子·树绕村庄
宋·秦观

树绕村庄，水满陂塘。倚东风、豪兴徜徉。
小园几许，收尽春光。有桃花红，李花白，菜花黄。

远远围墙，隐隐茅堂。飐青旗、流水桥旁。
偶然乘兴、步过东冈。正莺儿啼，燕儿舞，蝶儿忙。

这首词描绘了春意盎然的田园风光，作者秦观此时尚未出仕，字里行间流露出了内心深处的畅快洒脱以及对这田园生活的热爱。

【文化链接】

园林中的归隐文化

官场失意便寄情山水，隐逸是中国传统园林造园主题之一。中国古典园林中，无论是园林题名、园林植物，还是建筑造型，总是有意无意间透露着园主的归隐之意。下面撷取几例进行品鉴。

沧浪亭，取名自《沧浪歌》"沧浪之水清兮，可以濯我缨；沧浪之水浊兮，可以濯我足"之意。

拙政园，取晋潘岳的《闲居赋·序》"此亦拙者之为政也"。

网师园，"网师"意为渔翁。在《楚辞·渔父》中渔父的言语间充满了避世隐身的规劝。后世士大夫们官场失意，归隐园林，也便自称渔父。

留园，鸳鸯厅南部天井前的石库门上刻有"东山丝竹"四个字。谢安曾在浙江东山隐居，朝廷几次请他做官都被他拒绝，因此"东山"或"东山高卧"就成了隐居的代名词；"丝竹"则泛指音乐。寥寥四字，隐逸之意不言而喻。

留园中还有一处景叫"缘溪行"，此处有溪水流过，取自陶渊明的桃花源意境，沿溪两岸种植了大量的桃花，西部和中部假山上栽种了繁茂的林木，一派山林意境，完美演绎了桃源式隐居生活。

在苏州园林中我们还能发现诸多船形建筑。《庄子·列御寇》中说："巧者劳而知者忧，无能者无所求，饱食而遨游，泛若不系之舟。""不系之舟"就成了古代文人隐逸的象征。石舫不言，却寄托了一代又一代文人心中对于精神自由的无限向往。

第二章 魏晋南北朝

魏晋南北朝是中国历史上的一个动乱时期,政权更替,社会动荡,国家分裂,政治高压。恶劣的政治环境却促进了文学艺术的兴盛,这一时期涌现出了"放浪不羁"的竹林七贤,不为五斗米折腰的陶渊明,有"东床快婿"之称的王羲之等众多风采出众的知识分子。他们一方面不满现实和官场的黑暗,另一方面用文学的语言构建着一个又一个超凡脱俗、自由洒脱的理想世界。而这其中崇尚自然、寄情山水的隐逸情怀也影响着造园艺术的精神内核和审美追求。

闲居赋（节选）

西晋·潘岳

爰[1]定我居，筑室穿池，长杨映沼，芳枳[2]树檎[3]，游鳞[4]澶湱[5]，菡萏[6]敷披，竹木蓊蔼[7]，灵果参差。张公大谷之梨[8]，溧侯乌椑[9]之柿，周文弱枝之枣[10]，房陵朱仲之李[11]，靡[12]不毕植。三桃表樱胡之别，二柰[13]耀丹白之色，石榴蒲桃之珍，磊落蔓延乎其侧。梅杏郁棣[14]之属，繁荣藻丽之饰，华实照烂，言所不能极也。

【注释解读】

1. 爰（yuán）：句首语气词。

2. 芳枳（zhǐ）：枸橘（gōu jú）。

3. 檎（lí）：山梨。

4. 游鳞：指游鱼。

5. 澶湱：（chán zhuó）：形容水流声。

6. 菡萏（hàn dàn）：未开的荷花。

7. 蓊蔼（wěng ǎi）：形容草木茂盛。

8. 张公大谷之梨：是古代梨中的名品，据说产自洛阳北邙山。

9. 乌椑（wū bēi）：柿树的一种，其实色青黑。

10. 弱枝之枣：周文王时的一种枣树，味道很好。

11. 朱仲之李：传说仙人朱仲种的李子味道极佳，天下稀有。

12. 靡（mǐ）：无、不。

13. 二柰（nài）：指白柰与赤柰。柰：指苹果。

14. 棣（dì）：常绿落叶灌木。

【译文品读】

我自己确定居所，修建房屋，挖凿水池，种绵绵杨柳，树影映入池水中，四周植上枸橘山梨，鱼儿在水中畅游，水声潺潺，含苞待放的荷花向四周铺开，绿竹草木叶茂枝繁，珍奇异果参差不齐。有张公大谷的梨，溧侯青黑的柿子，周文王的弱枝之枣，房陵朱仲的李子，无不一一栽种。樱桃、冬桃、山桃成熟的时节不同，白柰与赤柰显现出红白之色，石榴和蒲桃在其旁边蔓延。梅杏花果飘香，草木枝繁叶茂，果实与花叶相互映衬，相得益彰，此番景象之美是无法用言语来形容的。

【赏析】

《闲居赋》是西晋文学家潘岳五十岁去官时所作。潘岳聪颖早慧，二十二岁时便因《藉田赋》声名鹊起。在文学史上，潘岳与《文赋》的作者陆机齐名，史称"潘陆"。这首《闲居赋》是作者回顾三十年为官历程，感悟宦海沉浮，萌生退隐之心而作。但历史上的潘岳其实并非淡泊名利之士，他认为自己官场的失败是归于"拙"，于是转而依附当朝权贵贾氏家族，但最终难逃政治斗争牺牲品的宿命，招致灭门之祸。

这首被称作"千古高情"的《闲居赋》与潘岳的实际行动极不相符，林语堂先生在《中国人》中的这段话似乎更能说明其中原委："对田园生活的崇尚渲染了整个中国文化，今天的官员和学者谈及'归田'，总认为它是上策，是生活的所有可能性中最为风雅、最为老练之举。这种时尚如此风靡，以至即使是最为穷凶极恶的政客也要假装自己具有李白那样的浪漫本性。事实上，我觉得他可能也真会有这样的感情，因为他毕竟是中国人。作为一位中国人，他知道生活的价值。每当深夜，他推窗凝望满天星斗之时，幼时学过的诗句便会涌上心头：'终日昏昏醉梦间，忽闻春尽强登山。因过竹院逢僧话，又得浮生半日闲。'对他来说，这是一种祈祷。"

【延伸阅读】

拙政园

苏州拙政园与北京颐和园、承德避暑山庄、苏州留园齐名，被称为我国四大名园之首。拙政园之名就出自潘岳《闲居赋》。明代御史王献臣官场失意回到苏州，购地建造了此园，王献臣说："昔潘岳氏仕宦不达，故筑室种树，灌园鬻蔬，曰：'此亦拙者之为政也。'"昔日的潘岳或许只是为排遣一时郁闷作了《闲居赋》，当境遇好转便又策马扬鞭征战官场，却不曾想到一句"拙者之为政也"竟引起了后世无数失意文人的共鸣。

招隐（其一）

西晋·左思

杖策招隐士，荒涂横古今[1]。
岩穴无结构[2]，丘中有鸣琴。
白云停阴冈，丹葩曜阳林[3]。
石泉漱琼瑶，纤鳞或浮沉[4]。
非必丝与竹[5]，山水有清音。
何事待啸歌？灌木自悲吟。
秋菊兼餱粮，幽兰间重襟[6]。
踌躇足力烦，聊欲投吾簪[7]。

【注释解读】

1. 策：细树枝。涂：道路。横：阻塞。
2. 结构：指房屋建筑。
3. 丹葩（pā）：红花。曜（yào）：照耀。
4. 琼瑶：原意是美玉，这里用来比喻山石。纤鳞：小鱼。
5. 丝：弦乐器。竹：管乐器。
6. 餱（hóu）：干粮。重襟：层层衣襟。
7. 簪：古代固定发型的发饰。投吾簪：比喻弃官。

【译文品读】

手持细枝去寻找隐士，荒芜的道路从古至今都不畅通。山洞中并没有人居住的房屋，但丘壑中却能听到琴声。云彩环绕在山间，暖日照耀着山林。泉水冲击着山石，小鱼在水中沉浮。没必要用管弦乐器，山与水也能发出清新的乐音。有什么事要长啸歌吟，草木有情也会悲歌。秋菊可以当作食物，幽兰可以点缀衣襟。徘徊官场令人疲乏，真想弃官归隐。

【赏析】

隐士居住的地方荒草埋幽径，条件十分艰苦，但作者似乎乐在其中，即使没有房屋依然能听到山中有鸣瑟。诗人眼中的白云、丹葩、山石、纤鳞完全没有荒芜寂寥之感，耳畔萦绕的是自然的乐章，不禁发出"非必丝与竹，山水有清音"的感慨。全诗以自然之景映衬隐居生活的美好，用清新自然的语言勾画出一个恬静悠然、充满诗情画意的世外桃源，与纷乱喧嚣的官场世界形成了鲜明对比。

【延伸阅读】

移居二首（其二）

东晋·陶渊明

春秋多佳日，登高赋新诗。过门更相呼，有酒斟酌之。
农务各自归，闲暇辄相思。相思则披衣，言笑无厌时。
此理将不胜？无为忽去兹。衣食当须纪，力耕不吾欺。

芳树诗

南朝梁·丘迟

芳叶已漠漠，嘉实复离离。发景傍云屋，凝晖覆华池。
轻蜂掇浮颖，弱鸟隐深枝。一朝容色茂，千春长不移。

拙政园嘉实亭

嘉实亭取宋人黄庭坚"江梅有嘉实"的诗句。园中种有枇杷，初夏果实成熟，如南朝梁丘迟《芳树诗》中所描绘的"芳叶已漠漠，嘉实复离离"。嘉实亭的巧妙之处在于"藉以粉墙为绘也"，以墙为背景，栽种翠竹，并在墙壁上开一空窗，将青竹美石框于其中。亭的两侧挂有对联："春秋多佳日，山水有清音"，正是糅合了陶渊明《移居二首》（其二）与左思的《招隐》（其一）而成。

兰亭集序（节选）

东晋·王羲之

永和九年，岁在癸丑，暮春之初，会于会稽[1]山阴之兰亭，修禊事也[2]。群贤毕至，少长咸集。此地有崇山峻岭，茂林修竹；又有清流激湍，映带左右，引以为流觞曲水[3]，列坐其次。虽无丝竹管弦之盛，一觞一咏[4]，亦足以畅叙幽情[5]。

是日也，天朗气清，惠风和畅，仰观宇宙之大，俯察品类之盛，所以游目骋怀，足以极视听之娱，信可乐也。

夫人之相与[6]，俯仰一世，或取诸[7]怀抱，悟[8]言一室之内；或因寄所托，放浪形骸之外。虽趣[9]舍万殊，静躁不同，当其欣于所遇，暂得于己，快然自足，不知老之将至。及其所之既倦，情随事迁，感慨系之矣。向之所欣，俯仰之间，已为陈迹，犹不能不以之兴怀。况修短随化[10]，终期[11]于尽。古人云："死生亦大矣。"岂不痛哉！

【注释解读】

1. 会稽（kuài jī）：地名，在今浙江绍兴。

2. 修禊（xì）事也：（为了做）禊礼这件事。修禊是一种古代习俗，于阴历三月上旬的巳日临水洗濯，借以祓除不祥。

3. 流觞（shāng）曲（qǔ）水：依据修禊习俗，把酒杯放置水流上游，任酒杯顺水流下，参加者坐在曲折的水流旁，酒杯停在何处，则由某人取而饮之。

4. 一觞一咏：时而喝酒时而作诗。

5. 幽情：幽深内藏的感情。

6. 夫人之相与：人与人相处。夫：句首发语词。

7. 取诸：取之于，从……中。

8. 悟：通"晤"，面对面。

9. 趣（qǔ）：通"取"。

10. 修短随化：寿命长短全凭造化。

11. 期：至。

【译文品读】

永和九年，时值癸丑年，三月之初，我们在会稽山北的兰亭相聚，以行修禊之礼。诸多贤士都到来了，年长的和年轻的也都会集于此。这里有高大陡峭的山岭，茂密的山林和竹丛；也有清澈湍急的流水，环绕亭子左右，我们将流水引来作为漂传酒杯的水渠，在旁边排列而坐。虽然没有管弦乐器演奏的盛况，时而喝酒，时而作诗，也足以畅快表达内心深处的情感了。

这一天，天气晴朗，空气清新，春风和煦，抬头仰望广阔的天空，俯身察视品类繁多的自然万物，以此来舒展眼力开阔胸襟，足以极尽视听的欢愉，确实很快乐。

人与人相处交往，很快便度过一生。有的人在室内面对面畅谈胸怀理想；有的人就自己喜欢的事物，寄托自己的情感，不受任何约束。虽然每个人的兴趣爱好不同，有人安静，有人躁动，但当对自己遇到的事物感到高兴时，一时感到自得，十分快乐满足，不知道衰老将要到来。到了对喜欢的事物厌倦时，情感也随着境况发生改变，感慨也随之产生。曾经喜欢的事物，很快也成为历史，尚且不能不因为它引发感触，更何况寿命长短全凭造化，最终都会归于消亡。古人说："生死是一件大事呀！"怎能不让人感到悲痛呢？

【赏析】

东晋穆帝永和九年的上巳节，王羲之在会稽山阴的兰亭，与谢安、孙绰等四十一人饮酒赋诗。诗作抄录成集，王羲之被推选为文集写序，于是就有了这篇《兰亭集序》。在序中，作者不仅说明了作诗缘由，描绘了暮春时节的山林风光，而且借此发出了对宇宙、自然的感悟。

"魏晋风骨，风流天下"。魏晋是文人们活得最真实最张扬的一个时代。玄学的兴起，佛教的传播，使人们对自然有了更超脱的认识。宗白华在《艺境》中说："以新鲜活泼自由自在的心灵领悟这世界，使触着的一切呈露新的灵魂、新的生命。"因此，便有了在"崇山峻岭，茂林修竹""清流激湍""流觞曲水"中"仰观宇宙之大，俯察品类之盛"的畅快和感悟。

【延伸阅读】

故宫乾隆花园"曲水流觞"

"曲水流觞"是民间的古老习俗，因为王羲之的《兰亭集序》，"曲水流觞"便成了文人墨客、达官显贵心驰神往的雅事，因此，在园林建造中，往往极尽人力造曲水之景。计成在《园冶·掇山·曲水》中写道："何不以理涧法，上理石泉，口如瀑布，亦可流觞，似得天然之趣。"乾隆花园的禊赏亭本无水源，靠人工挑水引流，可呈现曲水流觞之景。恭王府的流杯亭，则是利用井水实现了曲水流觞的效果。

归去来兮辞[1]（节选）

东晋·陶渊明

乃瞻衡宇，载欣载奔[2]。僮仆欢迎，稚子候门。三径[3]就荒，松菊犹存。携幼入室，有酒盈樽。引壶觞[4]以自酌，眄庭柯以怡颜[5]。倚南窗以寄傲[6]，审容膝之易安。园日涉以成趣[7]，门虽设而常关。策扶老以流憩[8]，时矫首而遐观[9]。云无心以出岫[10]，鸟倦飞而知还。景翳翳[11]以将入，抚孤松而盘桓。

【注释解读】

1. 归去来兮：回去吧。来：助词。兮：语气词。
2. 乃瞻衡宇，载（zài）欣载奔：然后远远看见自家的房子，一边欣喜一边奔跑。衡宇：指房屋。衡：通"横"。宇：屋檐。载：一边……一边……
3. 三径：院中的小路。取自典故"蒋诩三径"。汉朝蒋诩隐居后，在院中开辟了三条小路，只与羊仲、求仲往来，后来三径指代隐士的住处。
4. 引：拿来。觞（shāng）：古代盛酒的器皿。
5. 眄（miǎn）庭柯以怡颜：随便看看院子里的树木，很欢愉。眄：斜着眼睛看，这里是"随便看看"的意思。柯：树枝。
6. 傲：指傲世。
7. 园日涉以成趣：每天在园子里走一走，就会很有趣。涉：走到。
8. 策扶老以流憩（qì）：拄着拐杖，没有固定休息的地方，随走随歇。策：拄着。扶老：拐杖。
9. 时矫首而遐观：时不时抬头望望远处。
10. 岫（xiù）：山洞。
11. 翳（yì）翳：昏暗的样子。

【译文品读】

远远地看见了自家的房屋，便满怀欣喜，奔跑过去。童仆欢喜地前来迎接，孩子们已在门口等候。园中小路快要荒芜了，松树和菊花依然生长着。带着孩子们进到屋里，已经备好了满杯的美酒。我端起酒杯来自饮自酌，随便看一眼院子里的树木，内心很是愉快。靠着南窗寄托自己的傲世之情，深感这狭小的空间很令我感到安心。每天在园子里走一走，成为一种乐趣；小园虽有门，却也经常关着。拄着拐杖在园中随意走走歇歇，时而抬头望望远处。云朵自然地从山峰间飘浮出来，鸟儿累了也知道飞回巢穴。天色渐渐暗了下来，我手扶孤松徘徊，久久不愿离去。

【赏析】

在经历了多次的徘徊和纠结之后，陶渊明最终还是退出官场，选择了归隐田园。题目中的"归去来兮"，"来"与"兮"都是语气词，"归去"即有告别官场之意。《归去来兮辞》在历代文人中产生了深远影响，北宋文学家欧阳修曾盛赞说："晋无文章，惟陶渊明《归去来兮辞》而已。"此话虽过，但可看出它在文学史中的地位。陶渊明率性而真诚，不为五斗米折腰，在看透官场黑暗后决意归隐田园，不愧为"古今隐逸诗人之宗"。

【延伸阅读】

读山海经（其一）

东晋·陶渊明

孟夏草木长，绕屋树扶疏。
众鸟欣有托，吾亦爱吾庐。
既耕亦已种，时还读我书。
穷巷隔深辙，颇回故人车。
欢言酌春酒，摘我园中蔬。
微雨从东来，好风与之俱。
泛览周王传，流观山海图。
俯仰终宇宙，不乐复何如？

《读山海经》共十三首，这是组诗的发端。所选其一总写陶渊明幽居期间读书的乐趣，全诗"乐"字贯穿始终，悠然自得之情跃然纸上。

留园舒啸亭、还我读书斋，狮子林小方厅匾额"园涉成趣"

留园舒啸亭之名取自陶渊明《归去来兮辞》"登东皋以舒啸，临清流而赋诗"。亭子位于园西部枫林深处的土山上，古树盘根，枝叶扶疏，下临溪流，蜿蜒曲折。圆形攒尖式亭顶，掩映在郁郁苍苍的林木之中，若隐若现，似有深意。

还我读书斋取自陶渊明《读山海经》（其一）"既耕亦已种，时还读我书"。

读书是文人生活中必不可少的内容,读书宜静,《园冶》中写道:"书房之基,立于园林者,无拘内外,择偏僻处,随便通园,令游人莫知于此。"还我读书斋位于留园中僻静处,斋院中有乔木、灌木,枝繁叶茂,蔽日遮天,环境优雅静谧,如联曰:"开卷可千古,闭门即深山。"

陶渊明在《归去来兮辞》中写道:"园日涉以成趣,门虽设而常关。"日日徜徉于村野庭院中,竹篱茅舍虽简陋却不失趣味,这种怡然自乐的生活情趣也成为后世文人永恒的追求。苏州狮子林小方厅内的匾额上"园涉成趣"四个字便出自于此。

答谢中书书[1]

南北朝·陶弘景

山川之美，古来共谈。高峰入云，清流见底。两岸石壁，五色交辉。青林翠竹，四时俱备。晓雾将歇，猿鸟乱鸣；夕日欲颓[2]，沉鳞竞跃。实是欲界[3]之仙都。自康乐[4]以来，未复有能与其奇者。

【注释解读】

1. 答：回复。谢中书：谢微，字元度，陈郡阳夏（河南太康）人，曾任中书鸿胪，所以称谢中书。书：书信，是古代一种应用性文体。
2. 颓：（太阳）落山。
3. 欲界：佛教把世界分为欲界、色界和无色界，欲界就是人间。
4. 康乐：指南朝山水诗人谢灵运，他被封为康乐公。

【译文品读】

山川的秀美，是古往今来文人雅士所共同谈论和赞赏的。山峦高耸入云，溪流清澈见底。两岸的石壁色彩斑斓，交相辉映。葱绿的树林，青翠的竹子，四季常在。清晨的薄雾将要散去，猿声鸟鸣此起彼伏；夕阳快要落山，水中的鱼儿竞相跳跃。这实在是人间的仙境。自康乐公以来，就再也没有人能够欣赏到这样的奇妙景色了。

【赏析】

本文是一封回复友人的书信。信中描写了秀美的山川景色，以自然之景宽慰友人。这也反映了在政治极度黑暗的南北朝时期，文人雅士对隐居山林、回归自然的渴望。文章动静结合，音色俱备，用极简的语言描绘出了景色的灵动之美，具有相当高的美学价值。

【延伸阅读】

小园赋（节选）
南北朝·庾信

　　尔乃窟室徘徊，聊同凿坯。桐间露落，柳下风来。琴号珠柱，书名玉杯。有棠梨而无馆，足酸枣而非台。犹得敧侧八九丈，纵横数十步，榆柳两三行，梨桃百余树。拔蒙密兮见窗，行敧斜兮得路。蝉有翳兮不惊，雉无罗兮何惧！草树混淆，枝格相交。山为篑覆，地有堂坳。藏狸并窟，乳鹊重巢。连珠细菌，长柄寒匏。可以疗饥，可以栖迟，崎岖兮狭室，穿漏兮茅茨。檐直倚而妨帽，户平行而碍眉。坐帐无鹤，支床有龟。鸟多闲暇，花随四时。心则历陵枯木，发则睢阳乱丝。非夏日而可畏，异秋天而可悲。

　　《小园赋》作者庾信是南北朝时期著名的文学家。政局动荡，民族分裂的时代背景造就了庾信特殊的人生经历。他在南朝梁任职时居高位，后出使西魏，时局所迫又屈仕敌国，内心的挣扎可想而知。可惜空有归隐之心，却无归隐之机，于是只能在《小园赋》中幻想出一片世外栖息之地："鸟多闲暇，花随四时""非夏日而可畏，异秋天而可悲"，避乱世之苦，享天伦之乐。

【文化链接】

园林题名与楹联匾额中的诗情画意

　　中国古典园林的景点命名、楹联匾额总是充满诗情画意。

　　《红楼梦》"大观园试才题对额"中有这样一句话："若大景致，若干亭榭，无字标题，任是花柳山水，也断不能生色。"可见，一个好的题名可以为景点增色许多。例如，留园中部临水有座建筑名为曲溪楼，即取自《尔雅》。《尔雅》："山渎无所通者曰溪，又注川曰溪。"所谓曲溪就是指曲水，此名正是源于曲水流觞的典故。再如北京的陶然亭，则取自唐代著名诗人白居易的"更待菊黄家酿熟，共君一醉一陶然"的诗句。又如拙政园中部的远香堂，临近荷塘，夏季荷香飘散，正合宋代学者周敦颐《爱莲说》中"香远益清"的意境。

　　园林中的楹联匾额与建筑交相呼应，能够引人入胜，增强景观的艺术感染力。岳阳楼有副楹联堪称楹联、书法、刻字三绝。为便于理解，加注标点展示如下：

　　上联：一楼何奇？杜少陵五言绝唱，范希文两字关情，滕子京百废俱兴，吕纯阳三过必醉，诗耶？儒耶？吏耶？仙耶？前不见古人，使我怆然涕下。

下联：诸君试看，洞庭湖南极潇湘，扬子江北通巫峡，巴陵山西来爽气，岳州城东道岩疆，潴者，流者，峙者，镇者，此中有真意，问谁领会得来。

上联提到了历史、人物和传说，下联写当今、地理和景色。一古一今，情景交融。岳阳楼的历史厚重感和文化感染力也体现了出来，游人看到此联再反观景色，必定会有更深的感触。

第三章 隋唐

国家的统一、社会经济的稳定发展为隋唐诗歌的繁荣奠定了基础。而诗人寄情山水、避世归隐的思想并未因盛世的到来而终止。在文化交流与融合的过程中，诗人的视野变得更加开阔，绘画、音乐等多种艺术形式影响着诗歌的创作。诗人也不再满足于在文字中构建避世的居所，更将精神世界的幻想移植到现实中来，园林建造随之兴起。如我们所熟知的王维、白居易等诗人也都堪称造园艺术家。赋诗品园，诗文与园林正一步步走向交融。

田园诗二首
夏日南亭怀辛大
唐·孟浩然

山光忽西落，池月渐东上。
散发乘夕凉，开轩[1]卧闲敞。
荷风送香气，竹露滴清响。
欲取鸣琴弹，恨[2]无知音赏。
感此怀故人，中宵[3]劳[4]梦想[5]。

【注释解读】

1. 轩：窗户。
2. 恨：遗憾。
3. 中宵：一整夜。
4. 劳：苦于。
5. 梦想：怀念。

【译文品读】

傍晚的夕阳很快就落山了，素月从东边缓缓升起来。披散着头发在夜晚乘凉，打开窗户，躺卧在宽敞的地方。阵阵微风送来荷花的香气，竹露滴在池面上发出清脆的响声。想要取琴来弹奏，可惜没有知音来欣赏。此情此景让我想到了老朋友，一整夜都在苦苦想念。

终南别业
唐·王维

中岁[1]颇好[2]道[3]，晚家南山陲。
兴来每独往，胜事[4]空自知。
行到水穷处，坐看云起时。
偶然值[5]林叟[6]，谈笑无还期。

【注释解读】

1. 中岁：中年。
2. 好（hào）：喜好。
3. 道：佛教。
4. 胜事：美好的事情。
5. 值：遇到。
6. 叟：老者。

【译文品读】

　　人到中年，我对佛教有了浓厚的兴趣，晚年把家安在终南山脚下。来了兴致常常独来独往，自得其乐，最美好的事情就是悟透了"空"的境界。有时候走到水的尽头探寻源流，有时候坐观流云千变万化。偶然碰到林间的老者，随意谈笑，流连忘返。

【赏析】

　　孟浩然和王维都是唐代山水田园诗派的代表人物，并称"王孟"。

　　皮日休说孟浩然的诗"遇景入咏，不拘奇抉异"。这首《夏日南亭怀辛大》就是在对山光、池月、荷风、竹露的轻描淡写中引出对友人的怀念，最终以梦境结束，饶有余味。寄畅园中的"清响斋"便是取自"荷风送香气，竹露滴清响"，颇具隐居的意境。

　　王维被称为"诗佛"，与"诗仙"李白、"诗圣"杜甫并列。王维的诗禅意深远。在这首《终南别业》中，"兴来每独往，胜事空自知"写出了作者在悟到"空"境界之后的欣慰，"行到水穷处，坐看云起时"则是以自然之景中的"禅意"解读世事变化，道出了内心彻底的释然。

【延伸阅读】

寄畅园

　　寄畅园为秦观后人所建，其中几乎每处景点都有出处和典故。寄畅园的名字就取自王羲之《答许询诗》"取欢仁智乐，寄畅山水阴"和《兰亭诗》"三春启群品，寄畅在所因"，园中引水入池的曲涧也效仿王羲之，可见园主对王羲之的喜爱。山桃花洞，"栽桃数十株，悠然有武陵间想"，则是效仿陶渊明的世外桃源。知鱼槛出自《庄子》的濠上之乐，箕踞室则仿王维独坐啸傲，清响斋取自孟浩然的诗句"荷风送香气，竹露滴清响"。寄畅园居"山林地"，处在真山真水之间，有得天独厚的地理优势，加之园主借用了丰富的典故，使得这座园林充满了诗情画意。

辋川闲居赠裴秀才迪

唐·王维

寒山转苍翠，秋水日潺湲[1]。
倚杖柴门外，临风听暮蝉。
渡头余落日，墟里上孤烟[2]。
复值接舆[3]醉，狂歌五柳[4]前。

【注释解读】

1. 湲（yuán）：水流声。
2. 墟里上孤烟：此句化用了陶渊明《归园田居》其一中的"暧暧远人村，依依墟里烟"。墟里：村落。孤烟：炊烟。
3. 接舆：春秋时期楚国的一位隐士，在这里是指王维的好友裴迪。
4. 五柳：陶渊明号五柳先生，这里是作者用陶渊明来自比。

【译文品读】

山峦在寒意中青绿苍然，秋日的河水渐渐细缓。拄着拐杖倚在柴门外，在晚风中听着蝉鸣。夕阳的余晖落在小河的渡头，村里升起缕缕炊烟。又遇到狂放不羁的好友裴迪醉酒而归，在我面前纵情高歌。

【赏析】

辋川别业是王维营建的私家园林，因地而建，有林泉之胜。王维还依据植物和景色为园中景点题名赋诗。这首诗描写的则是王维与好友裴迪在辋川隐居时一个秋日的黄昏之景。苏轼曾说："味摩诘之诗，诗中有画；观摩诘之画，画中有诗。"寒山、秋水、柴门、暮蝉、渡头、炊烟，诗人从画家的角度对自然色彩和声音进行着描摹，而最后出场的友人和诗人本人，一个比作隐士接舆，一个自比五柳先生，恬淡自得的自然之景中多了些许孤傲隐居的意味，堪称"诗中有画，画中有诗"的典范。

【延伸阅读】

竹里馆

唐·王维

独坐幽篁里，弹琴复长啸。
深林人不知，明月来相照。

竹里馆

唐·裴迪

来过竹里馆，日与道相亲。
出入唯山鸟，幽深无世人。

王维的这首《竹里馆》也是隐居辋川时的作品，裴迪作为王维的好友，与王维来往甚密，常作诗唱和，并深受王维影响。

营屋

唐·杜甫

我有阴江竹,能令朱夏[1]寒。阴通积水内,高入浮云端。
甚疑鬼物凭,不顾翦[2]伐残。东偏若面势,户牖[3]永可安。
爱惜已六载,兹晨去千竿。萧萧见白日,汹汹开奔湍。
度堂匪华丽,养拙异考槃[4]。草茅虽薙葺[5],衰疾方少宽。
洒[6]然顺所适,此足代加餐。寂无斤斧响,庶遂憩息欢。

【注释解读】

1. 朱夏:夏季。

2. 翦(jiǎn):通"剪",修剪。

3. 牖(yǒu):窗户。

4. 考槃(pán):盘桓,指避世隐居。

5. 薙(tì):除草。葺(qì):修理房屋。

6. 洒:此处音为洒。

【译文品读】

我的宅前植有阴江竹,夏天十分凉爽。生长之处水分充足,竹枝高耸可入云端。阴森高大的竹子遮天蔽日,似有鬼物藏匿其中,于是不顾破坏将其修剪砍伐。竹子在东边如能顺势生长,门和窗户就可以永久通透。自草堂营建,植竹已六年,我十分珍爱它们,今早进行了伐竹除翳。透过稀疏的竹枝可以看见日光,水流急速奔涌。室内装饰简单朴素,闲居度日有别于避世隐居。除草修造房屋以栖身,疾病正日趋减缓。恬淡自适地生活,足以抵得上进食加餐。没有了砍伐斧凿之声,可以在这里尽情享受静谧闲适的欢悦了。

【赏析】

公元759年冬天,杜甫为躲避"安史之乱",携家来到成都,在友人的帮助下,在浣花溪畔营造居所。《营屋》一诗记叙的正是在此伐竹建草堂的过程,草堂落成后,杜甫又专门写了一首《堂成》,来描述草堂之景。杜甫不仅造园亲力亲为,栽植花木、除草维护也尽心尽力,这在他的草堂诗中都有体现。其实构园、造园是唐代诸多文人的日常生活状态，他们不仅参与自己家宅的设计营建，亲自栽种植物，还将这些经历和感受以诗的形式记录了下来，这些诗也被称为种植诗。

【延伸阅读】

除草

唐·杜甫

草有害于人，曾何生阻修。其毒甚蜂虿，其多弥道周。
清晨步前林，江色未散忧。芒刺在我眼，焉能待高秋。
霜露一沾凝，蕙叶亦难留。荷锄先童稚，日入仍讨求。
转致水中央，岂无双钓舟。顽根易滋蔓，敢使依旧丘。
自兹藩篱旷，更觉松竹幽。芟夷不可阙，疾恶信如雠。

堂成

唐·杜甫

背郭堂成荫白茅，缘江路熟俯青郊。
桤林碍日吟风叶，笼竹和烟滴露梢。
暂止飞乌将数子，频来语燕定新巢。
旁人错比扬雄宅，懒惰无心作解嘲。

凭韦少府班觅松树子栽

唐·杜甫

落落出群非榉柳，青青不朽岂杨梅。
欲存老盖千年意，为觅霜根数寸栽。

杜甫一生颠沛流离，忧国忧民。在成都草堂居住的这段时间是杜甫一生中少有的闲适安逸的时光。草堂的田园风光使饱受流离之苦的诗人内心获得了短暂的休憩。这一时期的作品也多了一些隐逸恬淡。

养竹记（节选）
唐·白居易

竹似贤，何哉？竹本固，固以树德，君子见其本，则思善建不拔者。竹性直，直以立身；君子见其性，则思中立不倚者。竹心空，空以体道；君子见其心，则思应用虚受者。竹节贞，贞以立志；君子见其节，则思砥砺[1]名行[2]，夷险[3]一致者。夫如是，故君子人多树之，为庭实[4]焉。

嗟乎！竹植物也，于人何有哉？以其有似于贤而人爱惜之，封[5]植之，况其真贤者乎？然则竹之于草木，犹贤之于众庶。呜呼！竹不能自异，唯人异之。贤不能自异，唯用贤者异之。故作《养竹记》，书于亭之壁，以贻其后之居斯者，亦欲以闻于今之用贤者云。

【注释解读】

1. 砥砺（dǐ lì）：磨炼。
2. 名行：名声品行。
3. 夷险：平坦与险阻。
4. 庭实：原指将贡品陈列于朝堂上。这里是指将竹子种在庭院中，以供观赏。
5. 封：培土。

【译文品读】

竹子和贤人很像，为什么？竹子的根稳固，稳固是为了确立其本性；君子看到它的根，就会想到要培养坚韧不拔的品格。竹的本性直，直是为了更好地站立住；君子看到它这样的品性，就会想到要保持正直，不偏不倚。竹的心是空的，空是为了感悟道；君子看到它的心，就会想到要虚心接受一切有用的事物。竹节坚贞，坚贞是为了树立志向；君子看到竹节，就会想到要磨炼自己的意志，无论平坦还是险阻，品行都要始终如一。正因为如此，有修养的人才多种植竹子，用来充实庭院。

可叹呀！竹子是一种植物，和人有什么关系呢？因为它有的地方和贤人很像，人们就喜爱它，培土种植它，更何况是真正的贤者呢？然而，竹子对于其他草木而言，就如同贤者对于普通人。唉！竹子自己不能将自己与其他草木区分开,只有人才能区分它们。贤者也不能将自己与普通人区分开,只有使用贤者的人才可以区分。所以作了这篇《养竹记》,并写在亭壁上,为的是留给后来居住在这里的人,也是想让当今任用贤者的人知晓罢了。

【赏析】

作者白居易不仅是一位才华横溢的诗人,也是一位造园艺术家,他非常注重园林植物的配置,在他的诗歌中提到的树木花卉就有几十种之多。其中,白居易最钟情的就是竹子,还写了很多与竹子有关的诗,如《竹窗》《池上竹下作》《北窗竹石》等。

《养竹记》全文共三段,这里节选了第一段和第三段,写了竹子的美好品德,并以竹子比喻贤士,表达了对贤者的仰慕以及对当权者不注重培养人才的唏嘘叹息。

古人认为植物的品性与人的品性在价值层面有相通之处,常以香草佳木与君子之德对应,这种君子比德的思想在《养竹记》中也有体现:竹子根基牢固,

直立不折,竹心空阔,竹节坚定,看到竹子就好似看到了心胸坦荡、刚正不阿的君子,而那些杂草树木就好像那些平庸之辈。只有独具慧眼的人才能看到竹子身上的美好,同样,只有重视人才的人才能发现人才,任人唯贤。

苏轼曾语:"可使食无肉,不可使居无竹;无肉令人瘦,无竹令人俗。"因为竹子的虚心有节、坚挺直立与君子的美好品质十分契合,文人雅士也乐于在庭院中栽植竹子,修身养性。竹子也超越了一般观赏性植物,成为中国古典园林中的一个重要的文化符号。

【延伸阅读】

池上篇

唐·白居易

十亩之宅，五亩之园。有水一池，有竹千竿。勿谓土狭，勿谓地偏。足以容膝，足以息肩。有堂有庭，有桥有船。有书有酒，有歌有弦。有叟在中，白须飘然。识分知足，外无求焉。如鸟择木，姑务巢安。如龟居坎，不知海宽。灵鹤怪石，紫菱白莲。皆吾所好，尽在吾前。时饮一杯，或吟一篇。妻孥熙熙，鸡犬闲闲。优哉游哉，吾将终老乎其间。

《池上篇》这首诗描写的是白居易在洛阳履道坊的宅园。在这所宅园里，白居易引水造桥，栽种花木，倾注了大量心血。本文对宅园的规模、布局、植物均有描述，仔细品读，可见其园之美，亦能看出白居易造园品味之高远。

太湖石记（节选）

唐·白居易

厥状非一，有盘拗秀出、如灵丘鲜云者，有端俨挺立、如真官神人者，有缜润削成如珪瓒[1]者，有廉稜锐刿如剑戟[2]者。又有如虬[3]如凤，若跧[4]若动，将翔将踊，如鬼如兽，若行若骤，将攫[5]将斗者。风烈雨晦之夕，洞穴开颏，若欲云欱雷[6]，巍巍然[7]有可望而畏之者。烟霁景丽之旦，岩崿霮䨴[8]，若拂岚扑黛，霭霭然有可狎[9]而玩之者。昏旦之交，名状不可。撮要而言[10]，则三山五岳，百洞千壑，覶缕[11]簇缩，尽在其中。百仞[12]一拳，千里一瞬，坐而得之。此其所以为公适意之用也。

【注释解读】

1. 珪瓒（guī zàn）：古代的一种用于祭祀的玉制酒器。

2. 廉稜（léng）锐刿（guì）如剑戟（jǐ）：有棱有角、尖锐，像剑像戟。

3. 虬（qiú）：龙。

4. 跧（quán）：踡曲、蹲伏。

5. 攫（jué）：抓取。

6. 洞穴开颏（kē），若欱（hē）云欱（pēn）雷：洞穴张开大口，好像要吞云喷雷。欱：合。歕：通"喷"。

7. 巍巍（yí）然：高耸的样子。

8. 岩崿（è）霮䨴（dàn duì）：岩石山崖挂满露珠。霮䨴：云雾浓重。

9. 狎（xiá）：亲近。

10. 撮（cuō）要而言：摘取重点来说。

11. 覶（luó）缕：弯弯曲曲。

12. 仞（rèn）：古代计量单位。

【译文品读】

这些石头的形状各异，有的曲折秀丽，像仙山，像轻云；有的端正严肃，巍然挺拔，颇似神仙道人；有的纹理细密，润泽光滑，好像加工成的玉制酒器；有的棱角尖锐，好像剑戟。又有像龙的像凤的，像蜷曲的又像欲动的，像飞翔的又像向上跃动的，像鬼魅的像野兽的，像在行走的又像在疾驰的，像在抓取的又像在争斗的。风雨交加、昏暗不明的晚上，洞穴张开大口，好像要吞云喷雷，高耸的样子令人望而生畏。烟雾散去天晴景丽的早上，岩石山崖挂满露珠，好像雾气拂过，黛色扑面而来，有些石头造型和蔼可亲可以玩赏。黄昏和早晨，很难描述这些石头的形状。摘取重点来说，三山五岳，洞穴沟壑，弯曲丛聚，都在这太湖石中。百仞高山，一块拳头大小的石头就可以展现；千里景色，一瞬间就可以尽收眼底，坐在家中就可以欣赏到这些。这就是之所以使牛公称心如意的地方。

【赏析】

其实唐代文人园林中纯用石块搭建的假山并不多见，而白居易在置石方面有着超前而独到的美学见解。他在洛阳履道坊居住时，因"亭西墙下伊渠水中，置石激流，潺成韵，颇有幽趣"，专门写了一首小诗表达对置石水中这一小景的喜爱。这篇《太湖石记》则是他专门为牛僧儒的私园所创作的，集中阐述了太湖石的美学价值。白居易认为石应该分为若干等级，太湖石则是园林用石的上品。太湖石因为千奇百怪的形状特别容易引起人们的联想，因此具有了与书、琴相媲美的艺术价值。白居易还在多首诗中专门描写太湖石，如《双石》一诗中写到"苍然两片石，厥状怪且丑"，一"怪"一"丑"精妙地概括了太湖石的状貌。

【延伸阅读】

庐山草堂记（节选）
唐·白居易

匡庐奇秀，甲天下山。山北峰曰香炉，峰北寺曰遗爱寺，介峰寺间，其境胜绝，又甲庐山。元和十一年秋，太原人白乐天见而爱之，若远行客过故乡，恋恋不能去。因面峰腋寺，作为草堂。

　　是居也，前有平地，轮广十丈，中有平台，半平地；台南有方池，倍平台。环池多山竹野卉，池中生白莲、白鱼。又南抵石涧，夹涧有古松老杉，大仅十人围，高不知几百尺。修柯戛云，低枝拂潭，如幢竖，如盖张，如龙蛇走。松下多灌丛，萝茑叶蔓，骈织承翳，日月光不到地。盛夏风气如八、九月时。下铺白石，为出入道。堂北五步，据层崖积石，嵌空垤块，杂木异草，盖覆其上。绿阴蒙蒙，朱实离离，不识其名，四时一色。又有飞泉、植茗，就以烹燀，好事者见，可以销永日。堂东有瀑布，水悬三尺，泻阶隅，落石渠，昏晓如练色，夜中如环佩琴筑声。堂西倚北崖右趾，以剖竹架空，引崖上泉，脉分线悬，自檐注砌，累累如贯珠，霏微如雨露，滴沥飘洒，随风远去。其四傍耳目杖屦可及者，春有锦绣谷花，夏有石门涧云，秋有虎溪月，冬有炉峰雪。阴晴显晦，昏旦含吐，千变万状，不可殚纪。

早梅

唐·齐己

万木冻欲折,孤根暖独回。
前村深雪里,昨夜一枝开。
风递幽香出,禽窥素艳[1]来。
明年如应律[2],先发望春台。

【注释解读】

1. 素艳:素净美丽,这里指白梅。
2. 应律:按照季节如期开放。

【译文品读】

很多树木经受不住严寒快要冻折了,只有梅花凝聚了暖气,展示出生机。大雪覆盖着山村乡野,昨晚一枝梅花傲雪绽放。微风吹来阵阵幽香,鸟儿偷偷地窥视着素净美丽的白梅。明年如果还能如期绽放,希望能先在望春台开放。

【赏析】

梅既是梅、兰、竹、菊"四君子"之一,又是"岁寒三友"——松、竹、梅中唯一的观花树种,因傲雪凌寒的品格受到历代文人的喜爱。自古以来咏梅的诗作不胜枚举。这首《早梅》是唐代"诗僧"齐己的作品,重在突出一个"早"字。作者将梅花放在"万木冻欲折"的大背景下,以"孤根""一枝"突出梅的孤傲和坚韧,其实也是以梅自比,托物言志,将自己的怀才不遇、执着不屈寓于景中。

【延伸阅读】

道梅之气节

元·杨维桢

万花敢向雪中出,一树独先天下春。
三月东风吹雪消,湖南山色翠如滴。
一声羌管无人见,无数梅花落野桥。

湘南已见俏花枝，北地群峰白似云。

雾蒙松柳娇含玉，处处银珠踏星月。

狮子林中的梅花

梅花可谓狮子林的园花。建园之初，园中就有一株近200年树龄的"卧龙"古梅。古梅现在虽已不在，但香魂永驻，她的绰绰风姿镌刻在了园中的角落。狮子林中以梅为主题的匾额造景比比皆是。"问梅阁"，源自禅宗"马祖问梅"的故事。问梅阁周围植以梅花映衬，地面也是梅花铺地，阁内雕刻、装饰均有梅花图案，阁中悬挂"绮窗春讯"匾额，取自"诗佛"王维的《杂诗》"来日绮窗前，寒梅著花未"。小方厅东窗外面植有素心蜡梅。"暗香疏影楼"取自"疏影横斜水清浅，暗香浮动月黄昏"。此外，还有双香仙馆、正气亭的文天祥《梅花诗》石碑，足见狮子林与梅花的不解之缘。

【文化链接】

园林中的植物与山石

园林中以白墙作底，植以不同颜色不同形状的花草树木，粉墙花影摇曳生姿。陈从周先生在《说园》中提到："中国园林的树木栽植，不仅为了绿化，且要具有画意。"这种画意既有天然之美也有人文之美。园林中栽种植物会根据地域、气候、地形建筑等特点做不同安排，沿堤植柳，夏赏荷韵，三秋桂香，踏雪寻梅，不违时序，尽显自然之趣。古人对于植物的理解往往超越其生物学特性，赋予它们更多的人格魅力。蜡梅凌寒傲雪，兰花淡雅高洁，竹子虚怀若谷，松柏苍劲坚毅，在赏心悦目的同时，也时常引起观者的精神共鸣，这也使得园林变得更加耐看耐品。

周维权先生说过："园林之所以能够体现高于自然的特点，主要即得之于叠山这种高级的艺术创作。"根据所用石材的不同，石山可分为两大类：一类是湖石山，另一类是黄石山。湖石就是太湖石，有"皱、漏、瘦、透"之美。太湖石并不完全产自太湖,北方也有。北京北海公园的静心斋的假山、苏州环秀山庄和狮子林的假山就采用了太湖石。黄石呈棕红色,材质较硬,形状敦厚沉稳。著名的黄石假山有上海豫园的黄石假山、扬州个园四季假山的秋山、苏州耦园黄石假山。

第四章 宋代

宋代社会经济空前繁荣，文人社会地位突出，士大夫有了更多闲情逸致品园、造园、体味生活。这一时期吟咏山水园林、描写庭院花草的文学作品占有很大比例。以爱国诗人著称的陆游的大多数诗作描写的仍是花草树木、书画庭院；欧阳修、范成大等文人还亲自撰写"花谱"一类的书籍；许多词人的名号和文集名也与其所居园宅有关。在这一砖一瓦、一草一木的吟诵中，可以感受到文人较高的园林审美意识和精神追求。

水调歌头·沧浪亭

宋·苏舜钦

潇洒太湖岸,淡伫[1]洞庭山。鱼龙隐处,烟雾深锁渺弥间。方念陶朱[2]张翰[3],忽有扁舟急桨,撇浪载鲈还。落日暴风雨,归路绕汀[4]湾。

丈夫志,当景盛,耻疏闲。壮年何事憔悴,华发改朱颜。拟借寒潭垂钓,又恐鸥鸟相猜[5],不肯傍青纶[6]。刺棹[7]穿芦荻,无语看波澜。

【注释解读】

1. 淡伫(zhù):淡泞,指洞庭湖的水清新明净。
2. 陶朱:即范蠡,春秋时楚国人,自号陶朱公,辅佐勾践灭吴后,遂弃官从商,被后人尊称为"商圣"。
3. 张翰:西晋文学家。性格放荡不羁,在洛阳为官时,因思念家乡吴中的特产,辞官回家。
4. 汀(tīng)湾:港湾。
5. 鸥鸟相猜:相互猜测,这里指别有用心的人猜忌。
6. 青纶(guān):鱼线。这里暗指佩系官印的青丝带,并进一步代指官员。
7. 刺棹(zhào):划船。

【译文品读】

太湖岸边景色萧疏,清新明净的湖水环绕着湖心岛屿。湖上看不见鱼龙的踪迹,它们被深锁在烟波浩渺的水雾中。刚刚想到了陶朱张翰,忽然看见有小船飞速划来,搏击风浪,载着鲈鱼归来。傍晚突来暴雨狂风,只能绕着港湾返回。

满怀壮志,正是奋发有为之时,耻于赋闲隐居在这水乡。为何壮年就如此憔悴,容颜苍老,白发满头?本想在寒冷的潭水里垂钓,又担心鸥鸟会猜忌,不愿靠近鱼线。划着船穿过芦荻,默默地观看湖面上兴起的波澜。

【赏析】

这首词是苏舜钦免官赋闲在家所作。此时的他,心中纵有千般愤懑,只能"居苏州,买水石,作沧浪亭,日益读书",靠建造园林作诗赋词宣泄疗伤。词首以潇洒、淡仁写太湖之景，看似晴明却难掩"隐""锁"二字所透露出的感伤。再以陶朱张翰自比，其不甘和被迫隐居之意突显出来。在作者看来，正当壮年，隐居湖光山色之中不是什么乐事而是耻辱，但事已至此，也只能"刺棹穿芦荻，无语看波澜"，接受现实，看淡一切。

【延伸阅读】

沧浪亭（节选）

北宋·欧阳修

清光不辨水与月，但见空碧涵漪涟。
清风明月本无价，可惜祇卖四万钱。

沧浪亭记（节选）

北宋·苏舜钦

人固动物耳。情横于内而性伏，必外寓于物而后遣。寓久则溺，以为当然；非胜是而易之，则悲而不开。惟仕宦溺人为至深。古之才哲君子，有一失而至于死者多矣，是未知所以自胜之道。予既废而获斯境，安于冲旷，不与众驱，因之复能乎内外失得之原，沃然有得，笑闵万古。尚未能忘其所寓目，用是以为胜焉！

欧阳修与苏舜钦一直是好朋友，"清风明月本无价，可惜祇卖四万钱"，说的就是苏舜钦花四万钱买下废园建造沧浪亭之事。清道光七年（1827）江苏布政使梁章钜重修沧浪亭时将"清风明月本无价"与苏舜钦《过苏州》中的"近水远山皆有情"一同刻在了沧浪亭的石柱上。

点绛唇·闲倚胡床

宋·苏轼

闲倚胡床，庾公楼外峰千朵。与谁同坐。明月清风我。别乘[1]一来，有唱应须和。还知么。自从添个。风月平分破。

【注释解读】

1. 别乘：别驾的别称，汉朝称郡守的副手为别驾。宋代通判相当汉代别驾。

【译文品读】

闲暇时倚靠着胡床，从庾公楼望去，远处的山峰如花开千朵。与谁坐在一起？有明月、清风和我。别驾通判一到来，有唱当然也应有和。你还了解吗？自从你来到那江上清风、山间明月的美景就要你我各一半了。

【赏析】

明月清风不止一次地出现在苏轼的作品中，《赤壁赋》中"惟江上之清风，与山间之明月，耳得之而为声，目遇之而成色，取之无禁，用之不竭。是造物者之无尽藏也，而吾与子之所共适"。《念奴娇·赤壁怀古》一声感叹"人生如梦，一樽还酹江月"。这首《闲倚胡床》中同样有清风明月，且与"我"同坐，与友人平分。这是一种与自然融为一体的自在，一种超然物外的旷达，王国维在《人间词话》中评价说"东坡之词旷"，可谓一语中的。

【延伸阅读】

惠山谒钱道人烹小龙团登绝顶望太湖

宋·苏轼

踏遍江南南岸山，逢山未免更留连。
独携天上小团月，来试人间第二泉。
石路萦回九龙脊，水光翻动五湖天。
孙登无语空归去，半岭松声万壑传。

惠山位于无锡西郊，虽处江南，却不乏龙虎之势，就连游历大江南北、见多识广的苏轼也忍不住驻足赞叹:"石路萦回九龙脊,水光翻动五湖天。"后明代望族秦氏家族依惠山山林地势建造了"凤谷山庄",后改名寄畅园,此地可谓人杰地灵。

拙政园"与谁同坐轩"

拙政园西花园中有一个别致的小亭子,叫与谁同坐轩,正是取自苏东坡这首《点绛唇·闲倚胡床》的"与谁同坐。明月清风我"。小轩呈扇形,所以又称作"扇亭"。小轩面水而建,轩内有窗、石桌、石凳,坐在轩中,可近观池水,可远眺美景,或与友人同赏,或与风月共醉。走过轩亭,看游人熙攘,究竟谁又会与谁同坐于此呢?

渔家傲·灯火已收正月半

宋·王安石

灯火已收正月半,山南山北花撩乱。闻说浐亭[1]新水漫,骑款段[2],穿云入坞[3]寻游伴。

却拂僧床褰[4]素幔,千岩万壑春风暖。一弄[5]松声悲急管,吹梦断,西看窗日犹嫌短。

【注释解读】

1. 浐(jiàn)亭:在钟山西麓。
2. 款段:原指马行迟缓,这里作者是骑驴缓行。
3. 坞(wù):四面高中间凹下的地方。
4. 褰(qiān):提起。
5. 弄:吹奏。

【译文品读】

正月十五收灯后,钟山一带山花竞秀。听说浐亭经过春雨洗礼,格外清新,我骑驴缓行,穿过缭绕的云雾访胜探幽,寻访游伴。回到寺中,拂拭僧床,提起素雅的帐幕,山峦沟壑间春光融融。松声如急切的笛声在山间悲鸣,让我从梦中惊醒,窗外望去夕阳西下,不能不嫌梦境太过短暂。

【赏析】

王安石,字介甫,号半山。这首词所描写的是王安石在定林寺昭文斋的生活。昭文斋是王安石退隐后经常去的别馆,他时常在那里读书、待客,有时也去附近郊野游玩。距离定林寺不远的地方就是王安石晚年定居的半山园。

半山园位于江宁府(今南京)城东与钟山之间。这里恰好位于城市与山林的中间,一边是万丈红尘,一边是世外之境,似隐非隐,若即若离。王安石在《戏赠段约之》中写道:"竹柏相望数十楹,藕花多处复开亭。如何更欲通南埭,割我锺山一半青。""半山园"的命名,"半山老人"的别号,正是王安石晚年内心的写照。后来,王安石生了一场大病,宋神宗派国医为他诊治,康复后,舍宅为寺,宋神宗赐寺名为"报宁禅寺",后又被人称作"半山寺",据说王安石病故后就埋葬在半山寺后。

念奴娇·闹红一舸[1]

宋·姜夔[2]

闹红一舸,记来时,尝与鸳鸯为侣,三十六陂[3]人未到,水佩风裳[4]无数。翠叶吹凉,玉容消酒,更洒菰蒲[5]雨。嫣然摇动,冷香[6]飞上诗句。

日暮,青盖[7]亭亭,情人不见,争忍[8]凌波[9]去?只恐舞衣寒易落,愁人西风南浦[10]。高柳垂阴,老鱼吹浪,留我花间住。田田[11]多少,几回沙际[12]归路。

【注释解读】

1. 舸(gě):船。
2. 姜夔(kuí):(1154—1221年),字尧章,号白石道人,南宋词人,精通书法、音乐,是一位难得的艺术全才。
3. 三十六陂(bēi):地名,在今江苏省扬州市。陂:池塘。
4. 水佩风裳:水作佩饰,风为衣裳。这里指荷叶、荷花。
5. 菰蒲(pú):水草。
6. 冷香:指清香的花。
7. 青盖:特指荷叶。
8. 争忍:怎忍心。
9. 凌波:脚步轻盈,好似在水波上行走。常指乘船。
10. 南浦:南面的水边。后常指称送别之地。
11. 田田:莲叶相连的样子。
12. 沙际:沙洲或沙滩边。

【译文品读】

荡舟在荷花盛开的湖中,记得来时曾与鸳鸯结为伴侣,这许许多多的池塘罕见游人行迹,荷花与荷叶相互映衬,恰似系着佩饰穿着裙裳的美人。翠绿的荷叶散发出阵阵清凉,荷花像美人的脸,酒意渐消,红晕犹存,雨水溅落在水草上,荷花、荷叶更平添几分风致。荷花像美人一样摇曳生姿,带着清香和凉意被写入诗句中。

傍晚,荷叶亭亭玉立,看不到情人,怎忍心乘船离去?只怕是荷花在风中飘舞,花瓣极易凋落,这份愁思随着西风来到南浦这一送别之地。高高的柳树枝条垂阴,水中的大鱼吞吐着浪花,想要将我留在这花间。层层相连的荷叶,让我在这沙洲边徘徊游赏,久久不忍归去。

【赏析】

姜夔酷爱梅花和荷花,而其为人也与这两种花的品性极为相似,隐逸高洁,不汲汲于功名。

这是一篇托物比兴的咏物词,写荷更是写人,借荷花寄托身世。在描写中,作者运用高超的拟人手法,以"水佩风裳""玉容""嫣然""亭亭""舞衣"等词语,赋予荷花以人格特征,将荷花的神韵描摹到极致。而"冷香飞上诗句"又从侧面写出了荷香幽幽。"高柳垂阴,老鱼吹浪"从第三者的视角道出了荷花将残,不忍离去的缠绵不舍。词人的描写可谓传神而又立体,丰满而又生动。

【延伸阅读】

退思园的"闹红一舸"

在水乡同里有一座园林名退思园,是清朝官员任兰生所建,取《左传》中"进思尽忠,退思补过"之意。全园占地不足10亩,但以诗文造园,极具诗意神韵。园中有一船舫形建筑,称为"闹红一舸"。石舸置于湖中,湖波荡漾似舸动,石舸周围,原植有荷花和菰蒲。如姜夔词中所写,细雨洒落菰蒲上,更为荷花增添几分姿色。只可惜园主任兰生没能享受这闹红一舸的清幽,就在退思园建好后不久,黄河决堤,任兰生官复原职,结果在抗洪救灾中不幸逝世。任兰生或许也是幸运的。对于"少小知名翰墨场,十年心事只凄凉"的姜夔而言,不管闹红一舸多么美好,终难掩其怀才不遇的失落。任兰生虽以退思补过建园,但最终还是做到了进思尽忠。

苏幕遮·燎[1]沉香[2]

宋·周邦彦

燎沉香，消溽暑[3]。鸟雀呼晴[4]，侵晓[5]窥檐语。
叶上初阳干宿雨[6]，水面清圆[7]，一一风荷举[8]。
故乡遥，何日去？家住吴门[9]，久作长安[10]旅[11]。
五月渔郎相忆否？小楫[12]轻舟，梦入芙蓉浦[13]。

【注释解读】

1. 燎（liáo）：烧。
2. 沉香：一种名贵香料，放置水中会下沉，又名沉水香，其香味可辟恶气。
3. 溽（rù）暑：潮湿的暑气。溽：湿润潮湿。
4. 呼晴：唤晴。旧有鸟鸣可占卜晴雨的说法。
5. 侵晓：快天亮的时候。侵：渐近。
6. 宿雨：昨夜下的雨。
7. 清圆：清润圆正。
8. 风荷举：荷叶迎着风，每一片荷叶都挺出水面。举：擎起。
9. 吴门：今天的江苏苏州，但作者是钱塘人，因此此处以吴门泛指江南一带。
10. 长安：原指今西安，后借指京都，词中借指汴京，今河南开封。
11. 旅：客居。
12. 楫（jí）：划船用具，短桨。
13. 芙蓉浦：有荷花的水边，词中指杭州西湖。芙蓉：又叫"芙蕖"，荷花的别称。浦：水湾、河流。

【译文品读】

焚烧沉香，来消除夏天闷热潮湿的暑气。鸟雀鸣叫呼唤着晴天，拂晓时分我偷偷听它们在屋檐下窃窃私语。初出的阳光晒干了荷叶上昨夜的雨滴，水面上的荷花清润圆正，微风吹过，荷叶一团团地舞动起来。

想到那遥远的故乡，什么时候才能回去啊？我家本在江南一带，却长久地客居长安。又到五月，不知家乡的朋友是否也在思念我？在梦中，我划着一叶小舟，又闯入那西湖的荷花塘中。

【赏析】

这首词上片写景，下片抒情。上片主要描绘荷花姿态，一个"举"字很容易让人想到荷叶之上的荷花亭亭玉立的姿态，清丽脱俗。王国维评道："此真能得荷之神理者。"下片由荷花梦回故乡。词人之所以睹荷生情，把荷花写得如此逼真形象，因为他的故乡就在荷花遍地的江南。词人久居京师，眼前的荷花勾起了他对家乡的回忆，五月的江南、渔郎的轻舟是故乡的符号。远离家乡的夏日漫长难熬，词人借荷香消思乡之苦。

在传统诗词中，荷花是极为美好的意象。"荷叶罗裙一色裁，芙蓉向脸两边开""予独爱莲之出淤泥而不染，濯清涟而不妖"。荷花的独特气质也使之成为园林中的重要成员。沧浪亭的藕花水榭后面有绿意盈人的荷叶，拙政园有"留得枯荷听雨声"的留听阁，"四壁荷花三面柳，半潭秋水一房山"的荷风四面亭，还有意境高雅的远香堂。诗人词人也好，园主也罢，他们因自己的人生际遇，在荷花身上倾注了各自的情感寄托，让荷花更多了几分清新淡雅。

【延伸阅读】

宿骆氏亭寄怀崔雍崔衮

唐·李商隐

竹坞无尘水槛清，相思迢递隔重城。
秋阴不散霜飞晚，留得枯荷听雨声。

李商隐笔下的荷花没有了"一一风荷举"的灵动。在秋雨声中，干枯的荷叶寄托了诗人思友的深情，也幸而有枯荷的陪伴，才使得旅途不是那么寂寥。

洛阳名园记（节选）

宋·李格非[1]

洛阳处天下之中，挟[2]崤[3]渑[4]之阻，当秦陇之襟喉，而赵魏之走集，盖四方必争之地也。天下当无事则已，有事，则洛阳先受兵。予故尝曰："洛阳之盛衰，天下治乱之候也。"

方唐贞观、开元之间，公卿贵戚开馆列第于东都者，号千有余邸。及其乱离，继以五季[5]之酷，其池塘竹树，兵车蹂践，废而为丘墟。高亭大榭，烟火焚燎，化而为灰烬，与唐俱灭而共亡，无馀处矣。予故尝曰："园圃之废兴，洛阳盛衰之候也。"

且天下之治乱，候于洛阳之盛衰而知；洛阳之盛衰，候于园圃之废兴而得。则《名园记》之作，予岂徒然哉？

呜呼！公卿大夫方进于朝，放乎一己之私以自为，而忘天下之治忽，欲退享此乐，得乎？唐之末路是已。

【注释解读】

1.李格非（约1045—约1105年）：北宋文学家。字文叔，山东济南历下人，女词人李清照之父。

2.挟（xié）：拥有。

3.崤（xiáo）：崤山，在河南洛宁县西北。

4.渑（miǎn）：渑池，古城名，在今河南渑池县西。崤山、渑池都在洛阳西边。

5.五季：五代（指五代十国时期）。

【译文品读】

洛阳地处全国中部，拥有崤山、渑池的险阻，是秦川、陇地的咽喉，又是赵、魏的交通要塞，是兵家必争之地。天下如果太平无事也就罢了，一旦有战事，那么洛阳总是首先遭遇战火。我因此曾说："洛阳的兴衰，是天下太平或者动乱的征兆啊。"

正当唐太宗贞观、唐玄宗开元盛世时，公卿贵族、皇亲国戚在东都洛阳营建府邸的，号称有一千多家。等到后来发生动乱，人员流离失所，接着五代时期这些园子遭受重创，那些池塘、竹林、树木，被兵车践踏，变成一片废墟。高大宽广的亭台楼榭被战火烧成灰烬，跟唐朝一同消亡湮灭，没有留下一处宅院。我因此曾说："园林的兴废，就是洛阳盛衰的征兆啊。"

天下的太平或动乱，尚且从洛阳的兴衰就可以看到征兆；洛阳的兴衰，又可以从园林的兴废看到征兆，那么我写《洛阳名园记》这部作品，难道是徒劳无益的吗？

呜呼！公卿大夫们正被朝廷委以重任，放任自己的私欲，为所欲为，却忘掉了国家的太平大事，还想以后退隐了能享受园林之乐，能得到吗？唐朝的灭亡就是例子呀！

【赏析】

《洛阳名园记》记录了北宋时期诸多私家园林的布局、建筑、山水、花木等景观。本文节选了《洛阳名园记》后记中的内容，观点明确，层次清晰。选文先写洛阳重要的军事价值——洛阳位于中原，有崤、渑之险峻，是秦、陇、赵、魏的要道，所以成为兵家必争之地，因而洛阳的盛衰也成为天下治乱的标志。接着以史实为例，提到唐朝贞观、开元时的达官贵族兴建千余所府邸名园，而这些名园因战乱无一幸免于世，证明"园圃的兴废是洛阳盛衰的标志"。最后演绎推论"园圃的兴废是天下治乱的标志"，为官者若只为一己私欲，忘记职责所在，是难有园林之乐的。这一段文字没有涉及园林建造的细节，也不谈造园思想，而是站在历史的高度，将园林的兴衰与国运结合，观点新颖，格局宏大。

【文化链接】

园林中的花街铺地

花街铺地就是用卵石等原生态的乡土材料以及废旧的碎石瓦片拼合成一些精美的、色彩丰富的图案，铺设在路面上。其实花街铺地在我国有着久远的历史。据史料记载，花街铺地最早出现在苏州馆娃宫的响屧廊，是吴王夫差为宠幸西施而铺设的，"吴王梓铺地，西子行则有声"，意思就是用梓板铺地，西施穿着木底鞋在上面行走，发出声响。

花街铺地讲究图案纹样。作为园林要素的一部分，自然也少不了诗情画意。园林铺地大都采用一些寓意吉祥的图案，例如：荷花、荷叶与莲藕在一起代表结为连理，梅花象征坚贞正直，金钱海棠象征财富，蝙蝠谐音"福"，鱼谐音"余"，鹿谐音"禄"，松鹤同长寿。此外，还有象征君子高洁的兰花、代表吉祥平安的凤凰、寓意繁衍多子的蝴蝶等各种充满美好愿望的图案。古人造园不放松对每一处细节的设计，让人漫步园径时，俯仰之间，目光所及，处处有景，处处含情。

第五章 元明清

在少数民族统治的元代，传统文学形式的创作处于低谷，杂剧、散曲开始流行。明清明期，作为非正统文学的小说、戏曲出现空前繁荣的景象。与此同时，造园之风也盛行南北，戏曲小说与园林产生了某种特殊的联系。园林里的诗情画意为诸多传奇故事的发生营造了意境，而这些传奇故事又成为了文学戏曲的创作素材，最终又被传唱于园林之中。文学因园林结出"累累硕果"，园林因文学更添几分风雅。此外，这一时期的文人也创作了一些蕴含园林美学、记录园林生活的散文、笔记。

裴少俊墙头马上[1]（节选）

元·白朴[2]

【那吒令】本待要送春向池塘草萋，我且来散心到荼蘼[3]架底，我待教寄身在蓬莱洞[4]里。蹙[5]金莲红绣鞋，荡湘裙鸣环珮，转过那曲槛之西。

【鹊踏枝】怎肯道负花期，惜芳菲；粉悴胭憔，他绿暗红稀[6]，九十日春光[7]如过隙[8]，怕春归又早春归！

【寄生草】柳暗青烟密，花残红雨飞。这人人和柳浑相类，花心吹得人心碎。柳眉不转蛾眉系，为甚西园陡恁景狼藉？正是东君[9]不管人憔悴！

【幺篇】榆散青钱乱，梅攒翠豆[10]肥。轻轻风趁蝴蝶队，霏霏雨过蜻蜓戏，融融沙暖鸳鸯睡。落红踏践马蹄尘，残花酝酿蜂儿蜜。

【注释解读】

1. 裴少俊墙头马上：简称《墙头马上》，是元代白朴创作的杂剧。

2. 白朴：（1226—约1306年），原名恒，字仁甫，后改名朴，字太素，号兰谷。元代著名的杂剧作家，与关汉卿、马致远和郑光祖并称为"元曲四大家"。代表作有写景散曲《天净沙·秋》，杂剧《唐明皇秋夜梧桐雨》《裴少俊墙头马上》等。

3. 荼蘼（tú mí）：蔷薇科，落叶灌木，春末夏初开放。由于它是春季最后盛开的花，它的开放常意味着春天即将结束。《红楼梦》中有语：开到荼蘼花事了。

4. 蓬莱洞：此处取白居易《长恨歌》"昭阳殿里恩爱绝，蓬莱宫中日月长"的句意。唐有大明宫，高宗时改为蓬莱宫。

5. 蹙（cù）：踏，含急促的意味。

6. 绿暗红稀：绿，指代叶子，红，指代花朵。这是说叶子的绿色变深，花朵稀少了。

7. 九十日春光：春季三个月，大概九十天。

8. 如过隙：如白驹过隙，形容时间过得快。

9. 东君：太阳神，这里指老天爷。

10. 翠豆：此指梅豆，即梅花的苞蕾。

【译文品读】

　　春天将逝，园中池塘边芳草萋萋，我出来散心走到荼蘼架下。我加快脚步，裙衫飘逸，环珮鸣响，绕过曲槛。

　　珍惜春景，怎能辜负这花期；可惜绿意渐浓，花色渐稀，春日时光如白驹过隙，担心春天逝去，春天还是早早地过去了！

　　绿柳成荫，青烟浓密，花瓣如雨飘落。人就和柳一样，花瓣散落得让人心碎，不由得紧缩双眉，为什么园中景色突然变得如此狼藉？只是老天爷太无情，也不管人们为此景感到憔悴！

　　榆叶如青钱散落，梅花苞蕾如翠豆饱满。蝴蝶趁着轻风翩翩起舞，蜻蜓在雨中嬉戏，成双成对的鸳鸯睡在暖和的沙子上。车马驶过落花片片，蜂儿就着残花酿蜜。

【赏析】

　　《裴少俊墙头马上》的故事情节最早出自白居易的一首长篇叙事诗《井底引银瓶》："妾弄青梅凭短墙，君骑向马傍垂杨。墙头马上遥相顾，一见知君即断肠。"原诗以女子的口吻讲述了与爱人私奔又遭背弃的不幸遭遇。白居易就诗中"聘则为妻奔是妾"的社会现状告诫女子不要轻易与人私奔。白朴在原诗的基础上对人物形象和情节做了加工和演绎，以喜剧收尾，使得"墙头马上"这个词演变成了男女爱慕之典故。

　　选文描述了李家小姐李千金久居深闺，内心苦闷，三月上巳节在自家后花园内游玩时，睹景伤情，生发出了伤春感慨。日本学者青山宏曾经分析："为什么会产生伤春、惜春之情，这是因为春天原来是一个快乐和美丽的季节，人们希望它长久地延续下去，但春天的消逝是那样的无情，而最明显地表示春天消逝的就是落花。"古时千金小姐们足不出户，花园内的春景无疑是她们伤春的情感寄托。年轻的生命如春景中的一花一草，灿烂多姿，短暂易逝，主人公多么渴望走出院落亲近自然，恣意挥洒青春的热情，但现实却是只能困在这一方小院中，花与人、花与情就这样产生了关联，这也为即将发生的爱情故事做了铺垫。而园林中的花影粉墙也为才子佳人的爱情故事增添了诗意和唯美的气氛。

西厢记[1]（节选）

元·王实甫[2]

第一本【楔子】

【幺篇】

可正是人值残春蒲郡东，门掩重关萧寺中。花落水流红，闲愁万种，无语怨东风。

第二本 第一折

【混江龙】

落红成阵，风飘万点正愁人；池塘梦晓，阑槛辞春。蝶粉轻沾飞絮雪，燕泥香惹落花尘。系春心情短柳丝长，隔花阴人远天涯近。香消了六朝金粉，清减了三楚精神。

【注释解读】

1. 西厢记：《崔莺莺待月西厢记》的简称，是元代王实甫创作的杂剧。
2. 王实甫：（1260—1336年），名德信，大都（今北京）人，元代著名杂剧作家，与关汉卿、白朴、马致远齐名。是中国戏曲史上"文采派"的代表。

【译文品读】

目睹残春之景，又行至这陌生的蒲东之地，寄身在这重门深掩、幽寂萧条的古刹中。落花随流水，万般愁绪难以排遣，只叹声无语怨东风。

院子里花儿都谢了，花瓣儿纷纷飘落，激起了无限的伤感。池塘边，栏杆旁，春天已经悄悄地走了，蝴蝶的粉翅，轻轻地沾上了白雪似的柳絮；燕子衔的巢泥，染上了落花尘土的香气。长长的柳丝也系不住春心，心上人只隔了一个花阴的距离，却和天涯海角一般远。如此面容也憔悴，精神也不振了。

【赏析】

《西厢记》讲述了书生张生与相国千金崔莺莺在侍女红娘的帮助下，冲破各方阻碍，有情人终成眷属的爱情故事。选文第一段文字是崔莺莺第一次出场时独唱的一支曲子。一句"人值残春蒲郡东"点明了主人公此时所处的地方，一个"残"字唱出了万般愁绪和感伤。一伤崔相国病逝京师长安，母女孤孀扶棺回乡，亲人逝去的伤痛，孤儿寡母的凄凉不言而喻；二伤暮春残败之景，行至陌生无味的蒲东之地，旅寄在萧索的寺院中，重门深掩，满地落红，更增添崔莺莺心中难以排遣的伤感。

"落红成阵，风飘万点正愁人"一段写景抒情，以景观情，情景交融。"成阵""风飘"写出了暮春的落英缤纷，而这纷纷落英像极了女子短暂易逝的豆蔻年华，这也是莺莺愁绪的寄托。此情此景映射出莺莺青春即逝，有爱难成的万端愁绪。"人远天涯近"采用反衬的手法，以"天涯之远"反衬"两人相隔之近"。莺莺已有婚约在身，却与张生一见倾心，两人近在咫尺却迫于环境束缚，不能展开追求，无疑让人愁上加愁。

青莲山房

明·张岱[1]

青莲山房,为涵所包公[2]之别墅也。山房多修竹古梅,倚莲花峰,跨曲涧,深岩峭壁,掩映林峦间。公有泉石之癖,日涉成趣[3]。台榭之美,冠绝一时。外以石屑砌坛,柴根编户,富贵之中,又着草野。正如小李将军[4]作丹青界画,楼台细画,虽竹篱茅舍,无非金碧辉煌也。曲房密室,皆储偫[5]美人,行其中者,至今犹有香艳。当时皆珠翠团簇,锦绣堆成。一室之中,宛转曲折,环绕盘旋,不能即出。主人于此精思巧构,大类迷楼[6]。而后人欲如包公之声伎满前,则亦两浙荐绅先生所绝无者也。今虽数易其主,而过其门者必曰"包氏北庄"。

【注释解读】

1. 张岱(1597—1679年)明末清初文学家、史学家,又名维城,字宗子,号石公、陶庵、天孙,别号蝶庵居士,晚号六休居士,山阴(今浙江绍兴)人。著有《琅嬛文集》《陶庵梦忆》《西湖梦寻》《三不朽图赞》《夜航船》等文学著作。

2. 涵所包公:即包应登,字涵所,钱塘人,万历进士。

3. 日涉成趣:每天(独自)在园中散步,成为乐趣。陶渊明在《归去来兮辞并序》中写道:"园日涉以成趣,门虽设而常关。"

4. 小李将军:唐代山水画家李昭道。因其父是右武卫大将军李思训,所以被称为小李将军。

5. 偫(zhì):储备。

6. 迷楼:隋炀帝所建楼名,在今江苏扬州。

【译文品读】

青莲山房是包应登的别业。山房里植有许多高大的竹子和古梅,位于莲花峰下,有曲折的山间流水经过,藏于深岩峭壁之中,掩映于茂林山峦之间。包公对山水风景有癖好,每天独自散步其间,成为乐趣。亭台楼榭之美也曾冠绝一时。外面用石屑砌坛,门用柴根编织,富贵之中不乏野趣。正如小李将军画山水树石,即使因陋就简的屋舍,也显金碧辉煌。曲房密室都曾有美人于其中,在其间行走,香艳之气至今犹在。当时这里的内设也是富丽堂皇,充满了珠光宝气。室内结构蜿蜒曲折,不能马上走出来。主人在结构设计上也是花费了巧妙的心思,就好像扬州的迷楼，房廊迂回，让人无法辨识。后人也想像包公这样以声色自娱，却是连两浙官员们也没有能如此的。现在即使山房多次变更主人，经过门口的人也一定会称其为"包氏北庄"。

【赏析】

本文选自张岱的《西湖梦寻》。张岱一生曾多次游历西湖，他在《西湖梦寻》中追忆旧游，记录了湖光山色自然之景，也描写了园林别业人文景观，并在每一处景致描述下面附上古今诗文，是一部文学性很强的山水记和风俗记。

在《青莲山房》一文中，作者介绍了山房的选址、结构、装饰等方面的情况。虽然篇幅短小，但体现了人与自然和谐统一的建筑思想。山房选址在莲花峰下，"跨曲涧，深岩峭壁，掩映林峦间"，有着得天独厚的自然优势；山房结构精巧曲折，又不乏"石屑砌坛""柴根"的野趣，是华美与质朴的融合，也是人文与自然的统一。

如果把一座园林看作一件艺术品，那么园林设计者的文化底蕴决定了这座园林的艺术价值，胸无笔墨，很难有佳作，正如陈继儒《青莲山房》诗中所说"主人无俗态，筑圃见文心"。

拙政园图咏·若墅堂

明·文徵明[1]

若墅堂在拙政园之中,园为唐陆鲁望[2]故宅,虽在城市而有山林深寂之趣,昔皮袭美[3]尝称鲁望所居"不出郛郭[4],旷若郊墅",故以为名。

会心何必在郊坰[5],近圃分明见远情。

流水断桥春草色,槿篱茆屋[6]午鸡声。

绝怜[7]人境无车马,信有山林在市城。

不负昔贤高隐地,手携书卷课童耕[8]。

【注释解读】

1. 文徵明:(1470—1559年),原名壁(或作璧),字徵明,因先世为衡山人,故号衡山居士,世称"文衡山"。南直隶苏州府长洲县(今江苏苏州)人。明代画家、书法家、文学家、鉴藏家。

2. 陆鲁望:陆龟蒙,字鲁望,晚唐诗人。与皮日休齐名,世称"皮陆"。

3. 皮袭美:皮日休,字逸少,后改袭美,晚唐诗人。

4. 郛(fú)郭:外城,泛指城或城墙。郛:古代城圈外围的大城。郭:城外围着城的墙。

5. 坰(jiōng):远郊。

6. 茆屋:茅屋。茆:通"茅"。

7. 绝怜:非常喜欢。

8. 课童耕:教小孩读书。课:教书。童耕:未到应试年龄的小孩。

【译文品读】

若墅堂在拙政园中,这里是晚唐诗人陆龟蒙的旧居,虽处城市,却有着山林野趣。昔时皮日休说过,陆龟蒙的居所"虽在城中,却有着郊野的空旷",所以起名"若墅堂"。

怡然的心境何必去郊野寻找,居于城中的园林也有这份闲情。流水、断桥和那连天的春草色,木槿篱笆、茅屋伴着午后的鸡鸣声。没有车马喧嚣的尘世让人心生喜爱之情,相信在城市中也有可以栖身的山林。不要辜负了先贤高士隐居的地方,手持书卷教孩童们吟诵学习。

【赏析】

园画同构是中国古典园林的一大特点，尤其是江南私家园林的设计者们常以画意入园景。苏州拙政园被誉为"天下园林之母"，它的早期设计者之一文征明曾留下大量关于园林和书斋的绘画，而《拙政园图咏》就是其中相当重要的作品。他将拙政园的三十一处景致绘制成图，并一一赋诗，亲笔书写，堪称诗、书、画俱佳的杰作。

"会心不远"，是中国古代园林美学的重要精神，出自《世说新语·言语》："简文入华林园，顾谓左右曰：'会心处不必在远，翳然林水，便自有濠、濮间想也，觉鸟兽禽鱼自来亲人。'""会心"是一种高层次的心灵体验，即便身居世俗纷扰之中却依然能够获得一种超然。文徵明对此思想有所发挥，他既强调"会心不远"，身边的园圃浅水、断桥草色都能带来心灵的闲适；又补充了"意远"，即心灵可以超越出时空的局限，身居闹市，神游山林，悠然自得。

若墅堂是拙政园中的重要建筑，大概位于今天的远香堂。外表看起来朴实无华，有几分野趣。因为不出城墙，所以在文徵明的画中可以看到苏州城墙作背景，竹篱草堂前一文士正缓步徐行，后一僮仆挂杖相随。在文徵明看来，虽然园林并不远离人境，但园居者却能在园林近景中品味山林之趣，感受超然物外的"远情"。

牡丹亭[1]（节选）

明·汤显祖[2]

【醉扶归】〔旦〕你道翠生生出落的裙衫儿茜，艳晶晶花簪八宝填，可知我常一生儿爱好是天然。恰三春好处无人见。不堤防沉鱼落雁鸟惊喧，则怕的羞花闭月花愁颤……〔旦〕不到园林，怎知春色如许！

【皂罗袍】原来姹紫嫣红开遍，似这般都付与断井颓垣[3]。良辰美景奈何天[4]，赏心乐事[5]谁家[6]院？朝飞暮卷[7]，云霞翠轩[8]；雨丝风片，烟波画船[9]——锦屏人[10]忒[11]看的这韶光[12]贱！

【注释解读】

1. 牡丹亭：又名《还魂记》，是汤显祖《玉茗堂四梦》（亦称《临川四梦》之一）。

2. 汤显祖：（1550—1616年），字义仍，号海若、若士、清远道人，明代戏曲家、文学家。代表作《临川四梦》。

3. 断井颓垣：断了的井栏，倒了的短墙。这里是形容庭院的破旧冷落。

4. 奈何天：无可奈何的意思。

5. 赏心乐事：晋宋时期谢灵运《拟魏太子邺中集诗序》："天下良辰、美景、赏心、乐事，四者难并"。"良辰美景奈何天，赏心乐事谁家院"这两句用此句意。

6. 谁家：哪一家。此句意为自己家的庭院花园里没有赏心乐事。

7. 朝飞暮卷：唐代王勃《滕王阁诗》中有"画栋朝飞南浦云，朱帘暮卷西山雨"句，形容楼阁巍峨，景色开阔。

8. 翠轩：华美的亭台楼阁。

9. 画船：装饰华美的游船。

10. 锦屏人：被阻隔在深闺中的人。

11. 忒：过于。

12. 韶光：大好春光。

【译文品读】

你说我穿着绛红色的裙衫多么艳丽光彩，嵌着宝石的头簪亮闪闪。你可知爱美正是我的天性。正像这美好的春天无人识见一样，纵使我有沉鱼落雁、闭月羞花之貌，奈何无人赏识，凭添愁绪。不到园林，又怎知有如此美好的春色！

这样繁花似锦的迷人春色无人赏识，都付与了破败的断井颓垣。这样美好的春天，宝贵的时光如何度过呢？使人欢心愉快的事究竟什么人家才有呢？雕梁画栋、飞阁流丹、碧瓦亭台，如云霞一般灿烂绚丽。和煦的春风，带着蒙蒙细雨，烟波浩渺的春水中浮动着画船，我这深闺女子太辜负这美好春光。

【赏析】

汤显祖曾说："一生四梦，得意处惟在牡丹。"《牡丹亭》讲述了女主人公杜丽娘因梦生情，因情而死，后又因情而生，起死回生，最终与书生柳梦梅永结同心的传奇爱情故事。正所谓"情不知所起，一往而深，生者可以死，死者可以生，生而不可以死，死而不可复生者，皆非情之至也"。

《皂罗袍·原来姹紫嫣红开遍》是女主人公杜丽娘来后园游赏时的一段唱词。杜丽娘由园中盛景联想自己青春芳华，无人赏识，不禁悲从中来，景之愈盛，愁之愈深，而梦境也就在这样一个生机盎然又布满惆怅的春日里开始了，随后杜、柳二人在梦中相遇拉开了这场人鬼相约的爱情传奇的序幕。

《牡丹亭》是昆曲的经典剧目之一。它以园林建筑"亭"为曲名，它的故事发生在园林，最终又以戏曲的形式在园林中演绎。用戏曲演唱园林之境，以园林诠释戏曲之美，曲中有景，景中有情，互为映衬，相得益彰。

【延伸阅读】

　　下面这篇文章选自陈从周先生的《园林清话》，从园林与昆曲的关系出发来谈园林的意境之美。苏州园林与昆曲都是世界文化遗产，二者都包含诗情画意，都追求经典雅致。明清以来，昆曲走向园林实景演绎，园林与戏剧变得你中有我、我中有你。而今天我们游园时走马观花者居多，细细品味者少有。如果能多一些对传统戏剧、传统文化的了解，那么游园的情感体验也将变得不一样。

园林美与昆曲美（节选）

陈从周

　　中国过去的园林，与当时人们的生活感情分不开，昆曲便是充实了园林内容的组成部分。在形的美之外，还有声的美，载歌载舞，因此在整个情趣上必须是一致的。从前拍摄"苏州园林"，及前年美国来拍摄"苏州"电影，我都建议配以昆曲音乐而成功的。昆曲的所谓"水磨调"，是那么的经过推敲，身段是那么细腻，咬字是那么准确，文辞是那么美丽，音节是那么抑扬，宜于小型的会唱与演出，因此园林中的厅榭、水阁，都是最好的表演场所，它不必如草台戏的那样用高腔，重以婉约含蓄移人，亦正如园林结构一样，"少而精""以少胜多"，耐人寻味。《牡丹亭·游园》唱词的"观之，不足由他遣"。"观之不足"，就是中国园林精神所在，要含蓄不尽。如今国外自从"明轩"建成后，掀起了中国园林热，我想很可能昆曲热，不久也便会到来的。

　　昆曲之美，不仅仅在表演艺术，其文学、音韵、音乐，乃至一板一眼，皆经过了几百年的琢磨，确是我国文化的宝库。我记得在"文化大革命"前，上海戏曲学校昆曲班邀我去讲中国园林，有些人看来似乎是"笑话"，实则当时俞振飞校长真是有见地，演"游园""惊梦"的演员，如果他脑子中有了中国园林的境界，那他的一举一动，便不是无本之木，无源之水了，演来有感情，有生命，有声有色。梅兰芳、俞振飞诸老一辈的表演家，其能成一代宗师者，皆得之于戏剧之外的大量修养。我们有些人今天游园林，往往仅知吃喝玩乐，不解意境之美，似乎太可惜一点吧！

　　中国园林，以"雅"为主，"典雅""雅趣""雅致""雅淡""雅健"等等，莫不突出以"雅"。而昆曲之高者，所谓必具书卷气，其本质一也，就是说，都要有文化，将文化具体表现在作品上。中国园林，有高低起伏，有藏有隐，有动观、静观,有节奏,宜细赏,人游其间的那种悠闲情绪,是一首诗,一幅画,而不是匆匆而来,匆匆而去,走马看花,到此一游;而是宜坐,宜行,宜看,宜想。而昆曲呢?亦正为此,一唱三叹,曲终而味未尽,它不是那种"崩嚓嚓",而是十分宛转的节奏,今日有许多青年不爱看昆曲,原因是多方面的,我看是一方面文化水平差了,领会不够;另一方面,那悠然多韵味的音节适应不了"崩嚓嚓"的急躁情绪,当然曲高和寡了。这不是昆曲本身不美,而正仿佛有些小朋友不爱吃橄榄一样,不知其味。我们有责任来提高他们,而不是降格迁就,要多作美学教育才是。

写到此,那"粉墙花影自重重,帘卷残荷水殿风"(《玉簪记·琴挑》)的清新辞句,又依稀在我耳边,天虽仍是那么热,但在我的感觉上又出现了如画的园林。

桃花扇[1]·余韵（节选）

清·孔尚任[2]

【离亭宴带歇指煞】[3] 俺曾见金陵玉殿莺啼晓，秦淮水榭花开早，谁知道容易冰消。眼看他起朱楼，眼看他宴宾客，眼看他楼塌了。这青苔碧瓦堆，俺曾睡风流觉，将五十年兴亡看饱。那乌衣巷[4]不姓王，莫愁湖[5]鬼夜哭，凤凰台栖枭鸟[6]。残山梦最真，旧境丢难掉，不信这舆图[7]换稿。诌[8]一套哀江南，放悲声唱到老。

【注释解读】

1. 桃花扇：是清代文学家孔尚任创作的一部传奇剧本。

2. 孔尚任：（1648—1718年），字聘之，又字季重，孔子六十四代孙，清初诗人、戏曲家。与《长生殿》的作者洪昇合称"南洪北孔"。代表作《桃花扇》。

3. 离亭宴带歇指煞：曲牌名，是《桃花扇·余韵》中最为著名的曲子。离亭宴和歇指煞都是曲牌名。同一宫调的曲牌带过另一个曲牌，是为带过曲。

4. 乌衣巷：位于南京东南，东晋时王导、谢安两大士族在此居住。

5. 莫愁湖：位于南京秦淮河西，古称横塘，相传美丽的少女莫愁在此投湖自尽。

6. 枭鸟：比喻恶人或逆子。

7. 舆图：疆域地图。

8. 诌：胡乱编造。

【译文品读】

我曾见金陵玉殿之上黄莺在破晓时分啼叫，我曾见秦淮河边亭台之上花儿早早绽放，可谁知道这一切会像冰雪融化那样容易消散。

我眼看着他大兴土木，我眼看着他大宴宾客，我眼看着他大厦倾塌！这爬满苔藓的碧绿瓦砾堆，我曾经在里面睡过风流觉，把这五十年兴盛衰亡都看在眼里。乌衣巷不再姓王，莫愁湖深夜鬼魂哭泣，凤凰台上只有猫头鹰栖息！曾经在残山上的梦境反而最是真实，旧日的心境难以忘却，不愿意相信这江山已经易主！只好作一首哀江南，放声悲歌直到老。

【赏析】

《桃花扇》讲述了秦淮八艳之首李香君与侯方域的爱情故事。明朝末年，社会动乱，女主人公李香君不畏马士英、阮大铖逼迫，拒绝改嫁，血溅定情诗扇。友人杨龙友将扇上的血迹绘成桃花，故名《桃花扇》。与《西厢记》《牡丹亭》的爱情故事所不同的是，《桃花扇》以宏大的历史现实为背景，借男女主人公的悲欢离合道出了当时南京城的社会状况，将英雄之忠、亡国之痛融于其间。

"离亭宴带歇指煞"是《桃花扇·余韵》中最为有名的一曲。《余韵》是孔尚任的创新之处。在剧情结束后增加《余韵》部分，大有曲终人散而余音不绝之意，而"离亭宴带歇指煞"则将全剧的情感推向高潮，借教曲师傅苏昆生的视角，写出南明灭亡后南京的凄凉景象，寄托了对故国的哀思。剧本中的苏昆生是明朝遗老，他不是《桃花扇》中的主要人物，却是串联剧中情感线索的重要角色。他曾在南京城生活，是南京城兴盛与衰败的亲历者，所以才有"眼看他起朱楼，眼看他宴宾客，眼看他楼塌了"的怅然。五十年如白驹过隙，一张张历史的面孔浮现又逝去，在这场朝代更迭的动乱中，谁也不能平静地作一位看客。记忆中的辉煌壮丽、热闹繁华与眼前的破壁残垣、衰败颓废形成巨大反差，给苏昆生带来了强烈的思想震撼。南京城是南明弘光政权兴亡的见证者，苏昆生又是南京城盛衰的见证者。为抒自己心中的兴亡之慨、故国之情，苏昆生只有将其化为曲词，一直传唱下去。

履园丛话·园林·造园

清·钱泳

造园如作诗文，必使曲折有法，前后呼应，最忌堆砌，最忌错杂，方称佳构。园既成矣，而又要主人之相配，位置之得宜，不可使庸夫俗子驻足其中，方称名园。今常熟、吴江、昆山、嘉定、上海、无锡各县城隍庙俱有园亭，亦颇不俗。每当春秋令节，乡佣村妇，估客狂生，杂遝欢呼，说书弹唱，而亦可谓之名园乎？

吾乡有浣香园者，在啸傲泾，江阴李氏世居。康熙末年，布衣李芥轩先生所构，仅有堂三楹，曰恕堂。堂下惟植桂树两三株而已，其前小室，即芥轩也。沈归愚尚书未第时，尝与吴门韩补瓢、李客山辈往来赋诗于此，有《浣香园唱和集》，乃知园亭不在宽广，不在华丽，总视主人以传。

【译文品读】

造园如同创作诗文，必然要使它结构曲折而又有迹可循，做到首尾相连前后照应，最忌辞藻堆砌，最忌杂乱无章，做到以上几点才能称之为好的架构。园子建好后，要有与之相配的园主，位置也要合适，不能让庸俗的人停留其中，才可称之为名园。现在常熟、吴江、昆山、嘉定、上海、无锡各县城隍庙都有园亭，也颇不俗。每当春秋佳节，乡村妇人、佣者、商人、狂生，纷纷在此狂欢，说书弹唱，这也可以称之为名园吗？我家乡有个叫浣香园的地方，在啸傲泾，是江阴李氏世代居住的地方。康熙末年，布衣李芥轩先生构建，只有三间堂，叫作恕堂。堂下只种了桂树两三株，前面小室便是芥轩。沈归愚尚书科举考试没中时，曾与吴门韩补瓢、李客山来这里赋诗，有《浣香园唱和集》，于是可以知道园亭不在于大小，不在于华不华丽，而是通过主人得以传承下来。

【赏析】

本文带有一定的议论性质，但文章重点不是讨论造园之法，而是在探讨何为名园。园林对古人而言不仅是栖身之所，更是精神家园。古人造园，总会将自己的情志寄于其中，小到一花一木，大到构图取景，借景抒情，融情于景，这样来看造园与写作如出一辙。当我们游览园林时，就好比在翻阅一部作品，要想读懂园林，就要尽可能去了解园主的生平志趣，所处历史环境，社会背景，这样看到的园景才更有滋味。

浮生六记·闺房记乐（节选）
清·沈复[1]

叠石成山，林木葱翠，亭在土山之巅。循级至亭心，周望极目可数里，炊烟四起，晚霞灿然。隔岸名"近山林"；为大宪[2]行台宴集之地，时正谊书院犹未启也。携一毯设亭中，席地环坐，守着烹茶以进。少焉，一轮明月已上林梢，渐觉风生袖底，月到被心，俗虑尘怀，爽然顿释。

【注释解读】

1. 沈复：生于清乾隆二十八年(1763年)，字三白，号梅逸。清朝长洲（现在江苏苏州）人。幕僚兼商人。撰有散文著作《浮生六记》。原书六卷，现存四卷，即《闺房记乐》《闲情记趣》《坎坷记愁》《浪游记快》，《中山记历》《养生记道》散失。书中记叙作者家居生活、浪游见闻以及坎坷遭遇等。对山水园林、饮食起居均有独到的评述。

2. 大宪：清代对总督或巡抚的称谓。

【译文品读】

里面叠石假山成林，树丛花木葱绿。亭子在土山顶上，沿着台阶到达亭子中央，向四周望去可以看数里之外的景色，炊烟四起，晚霞灿烂。隔岸相望的地方叫"近山林"，是巡抚宴饮的地方。这时正谊书院还没开始修建，我们带一毯子铺在亭中央，大家席地围坐在一起，叫看守者烹茶倒水。一会儿，一轮明月升上树梢，渐渐觉得袖下有风，月亮倒映在水中，胸中一切思虑忧闷都爽然释放了。

【赏析】

这段选文记录的是作者游沧浪亭时的所见所感。沈复夫妇曾在沧浪亭畔生活多年。在沧浪亭河对面有一处残破的园林叫"可园"，现已修复开放。据《沧浪区志》上证实"可园"就是文中提到的"近山林"以及"正谊书院"，也有人说"可园"原来就是沧浪亭的一部分。

沈复的文字充满了生活的情趣，"携一毯设亭中，席地环坐，守着烹茶以进"，这种极具生活气息的描述让我们感受到了周无繁杂、尽情释放胸怀的美妙。其实沈复夫妇的生活极其简朴，最后甚至穷困流离，但他们热爱生活，热爱自然，一直保有对生活的美好想象。

【文化链接】

园林中的爱情

在中国古典戏曲中，园林是才子佳人邂逅定情的必然场所。春日园林繁花似锦，向上的生命力让人有种冲破束缚的冲动。"花园或作为叙事的背景，或作为抒情的触媒，已不仅仅是一个简单的'地方'，而几乎是一个结构性的意象，以至于一提到花园，常会令人联想到才子佳人、密约偷期、私订终身等情节，花园与情爱可谓结下了不解之缘，成为古代文学中的一道独特景观"（周志波，谈艺超，《元明清戏曲中的花园意象》）。

张生和崔莺莺，李千金和裴少俊，杜丽娘和柳梦梅，他们的爱情故事或含蓄内敛，或大胆奔放，或传奇夸张，都始于花园。园中的花草树木、湖水假山、亭台楼榭、粉墙黛瓦是他们爱情的见证者，也是这些绮丽故事的参与者。花园中这些无声的构件，为现实中不能畅谈爱情的青年男女提供了庇护的场所，留给文学创作无限的遐想空间。

参考文献

陈从周，2017. 说园：典藏版 [M]. 上海：同济大学出版社．
陈从周，陈馨，2017. 园林清话 [M]. 北京：中华书局．
陈从周，蒋启霆，2011. 园综 [M]. 上海：同济大学出版社．
董雁，2018. 明月松间：园林卷 [M]. 西安：陕西师范大学出版总社有限公司．
霍旭东，2011. 历代辞赋鉴赏辞典 [M]. 北京：商务印书馆．
孔尚任，2017. 桃花扇 [M]. 杭州：浙江古籍出版社．
上海辞书出版社，2014. 白居易诗文鉴赏辞典 [M]. 上海：上海辞书出版社．
沈复，2015. 浮生六记——精装典藏本 [M]. 北京：万卷出版公司．
汤显祖，2016. 牡丹亭 [M]. 上海：上海古籍出版社．
唐圭璋，钟振振，2011. 宋词鉴赏辞典 [M]. 北京：商务印书馆国际有限公司．
王实甫，2016. 西厢记 [M]. 上海：上海古籍出版社．
王毅，2017. 翳然林水：栖心中国园林之境 [M]. 北京：北京大学出版社．
魏耕原，2012. 先秦两汉魏晋南北朝诗歌鉴赏辞典 [M]. 北京：商务印书馆．
张岱，2001. 陶庵梦忆　西湖梦寻 [M]. 上海：上海古籍出版社．
周维权，2008. 中国古典园林史 [M]. 北京：清华大学出版社．
周啸天，2011. 元明清诗歌鉴赏辞典 [M]. 北京：商务印书馆．
周啸天，2012. 诗经楚辞鉴赏辞典 [M]. 北京：商务印书馆．
周啸天，2012. 唐诗鉴赏辞典 [M]. 北京：商务印书馆国际有限公司．